常见鸭病
临床诊治指南

CHANGJIAN YABING
LINCHUANG ZHENZHI ZHINAN

顾小根　陆新浩　张　存　主编

U0336629

浙江科学技术出版社

图书在版编目（CIP）数据

常见鸭病临床诊治指南 / 顾小根，陆新浩，张存
主编. –– 杭州：浙江科学技术出版社, 2012.10
ISBN 978-7-5341-5117-0

Ⅰ.①常… Ⅱ.①顾… ②陆… ③张… Ⅲ.①鸭病 –
诊疗 – 指南 Ⅳ.①S858.32–62

中国版本图书馆CIP数据核字(2012)第246299号

––

书　　名	**常见鸭病临床诊治指南**	
主　　编	顾小根　陆新浩　张　存	
出版发行	**浙江科学技术出版社**	
	杭州市体育场路 347 号	
	邮政编码：310006	
	联系电话：0571–85170300–61711	
	E-mail: zx@zkpress.com	
排　　版	杭州万方图书有限公司	
印　　刷	杭州下城教育印刷有限公司	
开　　本	890 × 1240　1/32	印　张　8
字　　数	270 000	
版　　次	2012 年 10 月第 1 版　2013 年 1 月第 2 次印刷	
书　　号	ISBN 978–7–5341–5117–0　定　价　36.00 元	

责任编辑：詹　喜　　　　　**责任美编**：金　晖
责任校对：张　宁　　　　　**责任印务**：徐忠雷

《常见鸭病临床诊治指南》
编委会

主　　任　张火法
副 主 任　潘天银　洪建伟　鲍国连
编　　委　徐柏松　吕玉丽　黄立诚　冯尚连
　　　　　汪溪念　李　萍　徐　辉　顾小根

《常见鸭病临床诊治指南》
编写人员

主　　编　顾小根　陆新浩　张　存
副 主 编　陆国林　俞国乔　李双茂
编写人员　顾小根　陆新浩　张　存　李双茂
　　　　　俞国乔　母安雄　刘　鸿　陆国林
　　　　　华炯刚　陈秋英　周彩琴　吴　勇
　　　　　陈婷飞　陈　莉　倪柏锋　杨　民
　　　　　洪　杰　吴赟竑　朱梦代　丁巧丽
　　　　　施杏芬　余建娣　吴林友　周　蕾

鸭病危害很大,《常见鸭病临床诊治指南》的出版,为广大读者更好地开展鸭病防治工作提供了一本实用的指导书,值得庆贺。

　　为顺应时代要求,浙江省畜牧兽医局顾小根研究员、浙江省余姚市禽畜病防治研究所陆新浩高级兽医师、浙江省农业科学院畜牧兽医研究所王一成研究员和张存副研究员等兽医工作者,先后编写了《常见猪病临床诊治指南》《常见鸡病与鸽病临床诊治指南》和《常见鹅病临床诊治指南》。这些著作都具有面向基层、将复杂疾病诊治技术化繁为简的特点。本书也一样,根据鸭病种类繁多、临床和病理表现复杂、广大读者要在较短时间内掌握各种鸭病诊治技术比较困难的情况,作者一改兽医临床学科书籍的传统编写方法,创新性地应用词典编写思路,将鸭子的各种疾病及其防治方法比作一个个"字"或"词",把各种病鸭的异常表现(临床症状、病理变化等)分门别类地归纳为一个个相当于各种文字的"部首",从而把复杂的鸭病诊治技术编写成像词典一样,可依照这些"部首"检索到(即诊断出)相应疾病的工具书。如此,读者一旦遇到鸭子发病,只要检查发病鸭的异常表现,在本书中进行检索,就可查明病鸭所患的病种和应采取的防治方法,这就像小学生查词典认字学词那样方便、简单。本书中还采用了大量的临床和病理彩色图片,有利于读者客观、形象、真实地掌握发病鸭的各种异常表现,从而更准确地诊治疾病。可以说,拥有本书犹如配备了一位专业兽医。

　　此外,本书也同样积极倡导"防重于治、防重在养"的理念,提出了

"动物健康是养出来的，不是用药吃出来的"、"以生物安全为基础的全方位防疫"、"诊治疾病的更大意义在于为事后防治同样疾病积累经验"等观点，这符合动物疫病科学防控和动物源性食品安全的现实要求和发展方向。

这是一本专业性和科普性结合比较成功的著作，可为读者快速成为专业兽医提供有益帮助，也可作为大中院校畜牧兽医专业学生的学习参考书。本书的出版，为丰富和发展我国兽医学科积累了宝贵的临床资料。

全国劳动模范

世界禽病学学会会员

禽病学专家

2012 年 8 月

前　言

我国是养鸭大国，产量世界第一。鸭在我国家禽业中占有重要地位，鸭和鸭蛋是我国主要的禽类肉蛋食品之一，仅次于鸡，位居第二。因此，在我国做好鸭病的防治工作具有重要意义。

鸭病和鸡病一样复杂，病种繁多，所以各种鸭病所表现出来的异常变化也多种多样，通常情况下我们很难牢记和掌握这些异常变化特征，因此在鸭发病后往往难以及时作出临床诊断并采取有效防治措施。那么在没有全面掌握各种鸭病异常变化特征的情况下，如何简便、快速地对发生的多数鸭病作出临床诊断？这应该是广大临床兽医和养鸭专业工作者都期望解决的问题，也是我们编写本书的出发点。

根据多年的临床实践，我们一改传统的、常规的鸭病诊断书籍编写方法，按照词典的编写思路，力图将这本书编写成可根据病死鸭某些异常表现就能查找、诊断出相应鸭病及其防治方法的临床诊治工具书。本书首先对我们通过临床实践总结归纳的、涉及 47 种鸭病的 231 种异常表现，分别进行汇总、分类、排序，将每种异常表现编成一个条目（相当于一个文字的"部首"），在每个条目中列出具有该条目所述异常表现特征的相应鸭病（相当于各种"文字"或"词"），并且尽可能采用彩色图片来展示各种异常表现特征，以克服单一文字描述难以做到客观而造成判断误差的问题，从而使纷繁复杂的各种鸭病异常表现变得系统化、条理化，变得简明和清晰。然后介绍这 47 种鸭病的发病（流行）特点和临床病理特征表现、诊断要点、主要防治方法。如此，**读者诊治鸭病就像查词典一样**，只要根据现场发病鸭的主要异常表现，就可在本书中快速找出可能发生的疾病及其防治办法。如病鸭有"泄殖腔黏膜发炎外翻"的表现，就先在本书目录"二"部分中找到归属于"体表异常"类的"泄殖腔黏膜发炎外翻"这一条目，在这个条目中就会表明具有这种症状的疾病为大肠杆菌病、鸭瘟、番鸭细小病毒病等；然后，在本书目录"三"部分中找到并阅读有关这几种鸭病的全文，并分别与现场发病鸭其他异常表现——进行比较、鉴别；最后，找出与发病鸭各种异常表现一致或最接近的病种，从而作出临床诊断和采取相应的防治措施(具体方法详见《读者须知》中的"使用本书帮助诊治鸭病的步骤和方法")。

为便于读者正确判别病鸭某些病理变化，本书还配有健康鸭各种组织器官的彩色图片。因此，本书不仅是广大临床兽医和养鸭专业工作者的工具书，也可作为兽医大中专学生和其他初学者的参考用书。

书中所配图片资料，大部分是本书作者在长期临床工作中所积累起来的，也有一部分选自其他正式出版的资料(见相关图片说明)，对此向相关作者和出版社表示感谢！同时，因作者积累资料有限，个别临床症状和病变没有配上相应的彩色照片，对此深表遗憾和歉意！

愿本书能成为读者诊治鸭病的帮手！由于编写时间较紧、作者水平有限，本书难免存在疏漏和不足之处，恳请广大读者批评指正。

编　者
2012 年 8 月

读者须知

（一）使用本书帮助诊治鸭病的步骤和方法

本书类似于一本词典，读者无须死记硬背书中的详细内容，只要阅读"目录"，大致了解本书的内容并掌握本书使用方法即可。使用本书，诊治鸭病就像"查字学词"一样，变得通俗、迅速、准确，即根据病死鸭的某个或某些异常表现（相当于一个字的"部首"）及其在本书中设定的类别、编号顺序和页码，找到书中相应条目和相应图片，从而找出可能发生的鸭病病种（相当于各种"文字"或"词"），最后就可详细了解到所发鸭病的性质和防治方法。本书使用方法具体如下：

第一步，在开展鸭病临床诊治前，读者应浏览本书的目录，以了解本书的基本内容和具体排序。

第二步，参照本书介绍，学习和基本掌握病死鸭各种异常表现的检查方法和病死鸭的剖检方法。

第三步，浏览本书所述健康鸭有关组织器官的彩色图片，以便于日后识别病死鸭器官组织的异常变化。

第四步，当鸭发病后，应检查分析找出发病鸭群主要的、多数病死鸭共有的异常表现。

第五步，根据现场病死鸭的主要异常表现，按照本书分类方法，依照从整体到局部、从体外到体内、从头到尾、从背到脚的排序，在本书目录"二、各种病（死）鸭异常表现及其相应的疾病"中，对照查找相应条目。如病鸭有"泄殖腔黏膜发炎外翻"症状，这属于"体表"类别位于尾部的异常表现，那就在本书目录"二"中找到"体表异常及其相应的疾病"这一类，再在这一类中依照先整体后局部、从头到尾的排序找到"泄殖腔黏膜发炎外翻"这一条目。然后，按照目录中该条目所对应的页码，在本书中找到"泄殖腔黏膜发炎外翻"条目的正文，并细读这一条目的具体内容，就能找出与这一症状相关的疾病有大肠杆菌病、鸭瘟、番鸭细小病毒病等。

第六步，在本书目录"三、常见鸭病的诊断与防治"中，找到第五步查到的条目所述及的几种鸭病，然后按照目录中这几种鸭病所对应的各自页码，在本书中一一找到有关这几种鸭病的正文，并详细阅读之，了解这些鸭病的发病（流行）特点、临床症状和剖检变化等各种异常表现特征，与现场发病鸭的其他各种异常表现一一进行对照比较。通过对比，找出与发病鸭的各种异常表现一致或最接近的病种，从而作出临床诊断，并采取相应防治措施。

最后，根据读者对自己作出的临床诊断结果可信度判断，决定是否需要进行实验室检验。需要作出确诊的，应按照书中提出的不同鸭病实验室诊断要求采集相应样品送实验室进行检验。

（二）必须树立一种观念
—— 防重于治，防重在养

"防治鸭病，重在科学饲养管理！鸭的健康是养出来的，吃药不是办法！"虽然本书是帮助读者有效诊治鸭病的，但更重要的是鸭病诊治以后怎样通过科学预防，达到不再暴发、不再流行鸭病的目的。因此，请读者必须阅读下文：

养鸭的根本目的是为市场提供健康、安全的鸭和蛋，同时获取最好的经济效益，这就要求饲养管理人员须尽一切可能保证鸭不生病。要保证鸭健康，只有做好预防工作，而做好预防工作的关键是采取科学的饲养管理。

1. 鸭一旦发病特别是疫病，将造成重大危害和损失

原因主要有三个方面：一是因为动物疫病具有传染性、群发性，一旦发生疫病，将会很快在动物群体内传播开来，并可能传播出去，在数天甚至一天内饲养的大多数动物就有可能发病。二是发生的许多传染病至今缺乏有效的治疗方法，发病动物多数会死亡；即使是可以治好的疫病，由于大批动物发病，治疗费用很高，而且发病后严重影响动物的生长发育和生产性能，也会造成重大损失。三是随着自然环境的改变、饲养密度的增加和频繁流通，鸭的疫病种类越来越多，疫病传入、发生的机会也越来越多。因此，养鸭专业场（户）在平时饲养时，在鸭健康时，就要切实采取有效的预防措施，把疫病发生的危险性降到最低限度。

2. 预防鸭病关键是要采取科学的饲养管理，因为鸭生病的主要原因之一是饲养管理不当，常用药物对鸭防病也会产生严重的副作用

引起鸭发生疫病等群体性疾病的直接原因是鸭感染了病毒、细菌、寄生虫等病原，或者是接触了有关毒素，或者是鸭群缺乏某些营养元素。但是造成这些原因产生的因素，主要还是由饲养管理方式不当引起的，我们称这些因素为诱因，如高热高湿、拥挤、没有隔离措施、环境条件卫生差等等。

用药物进行防治会带来许多弊端。常言道："是药三分毒。"科学证明，多数抗生素和化学合成药具有毒副作用，经常用药或滥用药会产生三大严重后果：一是引起病原菌产生抗药性。二是药物残留，危害人类（肉、蛋食用者）的健康。给鸭防病治病的最终目的并不是为了保住鸭的生命，而是为了给人类提供肉品和蛋。当人经常食用含有药物残留的鸭肉品或蛋后，会引起食用者产生抗药性，食用者一旦生病，用药治疗效果就显著降低，甚至是无效；会损害食用者的肝脏等器官组织；会导致食用者发生"三致"（致癌、致畸、致突变）。三是直接危害鸭本身。长期使用或过量使用药物会抑制动物的免疫系统，降低各种疫苗的免疫效果，也会直接损害动物的肝、肾等内脏组织器官，严重时会发生急性中毒。

因此，要养好鸭必须采用科学的饲养管理方式，落实综合防疫措施。

科学的饲养管理方式，就是要实施健康养殖、生态养殖、标准化养殖。即要选择合适的养殖环境和场地，实行封闭式饲养、科学饲养、全进全出饲养、分段隔离式饲养、适度规模饲养、单一饲养、生态饲养（提供适合的环境：合理的养殖密度、合适的温湿度、良好的空气质量、适量光照和运动等），要建立、执行合理的免疫程序制度、消毒制度、疫情监测制度、无害化处理制度⋯⋯在这里不再一一叙述，请读者参见附录"养鸭场（户）确保鸭群健康安全的综合防疫技术"。

3. 对鸭病进行正确诊断，不仅是为了采取有效的治疗措施，减少损失，更重要的是为了事后防止同样的疾病再次发生

一旦鸭发病，应及时作出正确诊断。一方面，指导采取正确的治疗措施，努力减少损失；另一方面，通过正确诊断，我们就知道了鸭生的是什么病，事后就可以有针对性地采取正确的预防方法和措施，使同样的鸭病以后少发生或不再发生。

目 录

鸭病诊治技术的相关基础知识

各种病（死）鸭异常表现及其相应的疾病

三 常见鸭病的诊断与防治

鸭病诊治技术的相关基础知识

鸭病诊治是一门多种学科知识综合应用的复杂技术，要熟练掌握它，既要有长期的临床实践和经验积累，也要具备兽医专业方面系统的基础理论知识，这对于多数人来说，是有一定难度的。但是要开展鸭病诊治工作，一些相关的兽医基础知识还是需要学习和了解的。为此，根据临床实践经验，我们将需要学习的这些相关兽医基础知识在这里作一简明扼要、通俗易懂的介绍，以便读者学习和掌握。

（一）有关鸭病诊治的一些常用名词解释

1. 有关机体组织的名词

机体　具有生命的个体的统称，包括植物和动物，如最低等最原始的单细胞生物、最高等最复杂的人类等。也叫有机体。

组织、器官、系统　形态相似、功能相同的一群细胞和细胞间质组合起来，称为组织。动物机体的组织分为上皮组织、结缔组织、神经组织和肌肉组织四种。

组织是构成器官的基本成分，上述四种组织排序结合起来，组成具有一定形态并完成一定生理功能的结构，称为器官，例如心、肝、肺、胃、肠等。

许多器官联系起来，成为能完成一系列连续性生理机能的体系，便称为系统。如由口腔、咽、食管、胃、小肠、大肠、肛门以及肝、胆、胰等一系列器官联系起来，共同完成食物的消化和吸收过程，便组成了消化系统。此外，还有运动、呼吸、泌尿、生殖、循环、神经、感觉和内分泌系统等。

黏膜　是构成管状器官管壁的最内层，具有保护、分泌和吸收的作用，如口腔、胃、肠等的消化道黏膜，鼻、气管等的呼吸道黏膜，子宫等的生殖道黏膜。

浆膜 是覆盖于胸腹腔内壁表层和各内脏器官外表层的一层膜，如心包膜、肝肺肾外包膜、胃肠道浆膜等。浆膜表面光滑、湿润，有减少器官间运动时摩擦的作用，也起到连系和固定作用，如肠系膜。

气囊 迂回于胸壁表面与胸腔中内脏表面和迂回于腹壁表面与腹腔内脏表面的一层膜，并由此分别在胸腔和腹腔中形成的囊状结构，具有润滑、缓冲和协助呼吸等功能。

黏液 是黏膜分泌产生的一种富含黏蛋白的胶黏而滑润的分泌物，不同部位的黏液具有不同的功能，但都有保护的作用。

浆液 是动物机体内浆膜分泌的一种含有少量蛋白质、具有润滑作用、无色、透明的液体，机体正常时胸腹腔等体腔中均含有少量的浆液。

2. 有关病种的名词

疾病 动物疾病是指在一定因素（称致病因素，不论何种因素）的作用下，动物机体的正常生理代谢过程发生改变，生命功能发生障碍，机体组织受到破坏的过程，同时也是动物机体固有的抗病能力与致病因素进行斗争的一种表现。按照病因性质，疾病分为传染病、寄生虫病、普通病（非传染性的病）、营养代谢病。按照疾病的经过，分为急性病、亚急性病和慢性病。按照患病组织器官，分为消化系统疾病、呼吸系统疾病、心血管系统疾病、神经和运动器官系统疾病及泌尿生殖系统疾病等。

传染病 动物传染病是动物疾病中的一种。这种病是由病毒、细菌、支原体等病原微生物（通常称病原或病原体）侵入动物机体后并进行繁殖而引起的一种疾病，其特征是通过多种途径，可以将病原微生物传染给另一个动物，迅速在动物群体内传播而引起大批发病。

寄生虫病 寄生虫病也是疾病的一种，是因寄生虫寄生在动物体表或体内并破坏动物的生命机能而引起的动物发病。

疫病 动物疫病常指动物传染病，但由于动物寄生虫病具有传染性的特征（一个寄生虫体经过寄生虫的生活史，可以感染到另一个动物），而且危害也严重，所以现在通常所说的动物疫病包括了动物传染病和动物寄生虫病。

普通病　是由化学、物理性致病因素引起的没有传染性的疾病。

中毒病　是指鸭接触或食（吸）入了某种毒物而引起的疾病，常见的毒物有各种农药、重金属、化学品、霉菌毒素等。许多药物给鸭多量使用或多次使用后也会造成中毒，食入了有毒的草也可造成中毒。中毒病属于普通病的一种。

营养性疾病　是指因长期缺乏或过多地摄入某种营养性物质而导致的动物发病。目前，因鸭大多吃配合饲料，所以该类疾病的发病率显著下降。

群发病　是指一个动物群体内多个不同个体同时或先后连续发生同一种疾病。群发病常指中毒病和营养性疾病。

3.有关临床症状和病变等表现种类的名词

发病（流行）特点　指不同动物疾病在发生、传播和发展过程中，有各自的、不同的规律、特征和因果关系。

临床症状　指动物在疾病发生、发展过程中呈现出来的各种外在异常表现。

病理变化（简称病变）　指动物在疾病发生、发展过程中呈现出来的一系列组织或器官发生的眼观和显微变化及机能改变。

剖检病理变化　动物尸体被剖解后，各种组织或器官呈现的眼观变化，常常又称为病理变化、病理剖检变化。

发病率　指动物发病个体数占该发病群体总动物数的比例，常用百分率表示。

死亡率　指动物死亡个体数占该发病群体总动物数的比例，常用百分率表示。

病死率　指动物死亡个体数占该发病群体总发病动物数的比例，常用百分率表示。

出血　指血液流出血管或心脏的一种病理过程。发生出血部位的器官组织表面，因病程不同，常可见形态不一、大小不等的呈红色、紫红色或紫黑色、红褐色的病灶。

贫血　全身循环血液中红细胞总量或单位容积血液内红细胞数量及

血红蛋白含量低于正常，称为贫血。贫血的鸭血液稀薄，并可视黏膜和皮肤苍白、器官颜色变淡。

充血　指局部组织或器官因小动脉扩张而致流入的血量过多的现象。发生充血的器官组织常表现肿大，颜色变得深红。

淤血　指局部组织或器官因静脉回流受阻，血液淤积在局部组织的血管内。发生淤血的器官组织常表现肿大、颜色变得发紫。

坏死　是指活的动物机体内局部组织细胞或器官的病理性死亡。坏死组织缺乏光泽，混浊，常呈灰白色，失去正常组织的结构和弹性，组织切断后回缩不良。

水肿　是指过多的体液积聚在组织间隙或体腔中，其中体腔内体液积聚过多又称积水。发生水肿的组织器官常表现为肿胀、色泽变淡、呈胶冻样，切开水肿部位可有水样液体流出。

脱水　机体由于水分丧失过多或摄入不足而引起的体液减少称为脱水。脱水病鸭常表现出皮肤松弛，严重时眼睛下陷，一般表现口渴。

败血症　指病原微生物侵入动物体内，在局部组织和血液中持续繁殖并产生大量毒素，广泛组织受到损害，动物机体处于严重中毒状态的全身性病理过程。其特征表现是动物机体的血液往往凝固不良、全身黏膜和浆膜广泛出血、实质器官变性等。

4. 有关炎症种类的名词

炎症（发炎）　是指机体对各种致炎因子损伤的一种防御性反应。在血管、神经、体液和细胞的参与下，炎症的局部又有变质、渗出和增生等不同病理改变（因此炎症又分变质性炎、渗出性炎和增生性炎），同时机体也会出现不同程度的发热等全身反应。

变质及变质性炎症　是指炎症区局部细胞组织的变性（即细胞或细胞间质的形态学改变并伴有结构和功能的改变）和坏死。以变质为主、渗出和增生变化轻微的一类炎症称为变质性炎。

渗出、渗出液及渗出性炎症　是指炎症区的血管内液体和血细胞进入组织的现象。渗出的液体称为炎性渗出液。以渗出变化为主的一类炎症称为渗出性炎。

增生及增生性炎症　因致炎因子和炎症区代谢产物刺激，活化了巨噬细胞、血管内皮和外膜细胞以及炎症区周围的成纤维细胞增生，使炎症局限化和损伤组织得到修复的过程。以增生变化为主的一类炎症称为增生性炎。

浆液性炎症　属于渗出性炎症的一种，渗出液中的成分以血浆白蛋白为主，同时还有少量纤维蛋白和白细胞等。

卡他性炎症　是指黏膜组织发生的一种渗出性炎症。

纤维素性炎症　属于渗出性炎症的一种，以渗出液中含有大量纤维蛋白（纤维素）为特征。纤维素呈丝状、絮状、片状、网状和膜状，可悬浮于渗出液中，也可覆盖于脏器黏膜或浆膜表面，或与脏器深层组织紧紧黏合。

化脓性炎症　属于渗出性炎症的一种，在炎症区渗出液中含有大量嗜中性粒细胞，并伴有组织坏死和脓液形成。

（二）健康鸭组织器官的彩色图谱

下列图示是健康鸭经放血致死后的各种脏器组织性状。

1. 皮肤及皮下脂肪、肌肉

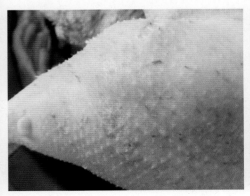

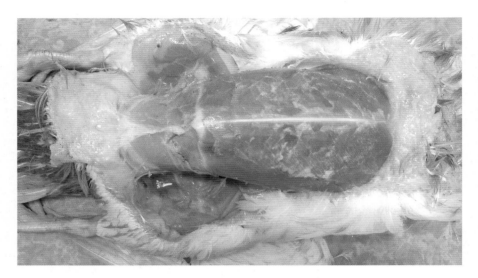

2. 口腔、腭裂、喉头、咽、食道

3. 食道、喉头、气管及气管黏膜

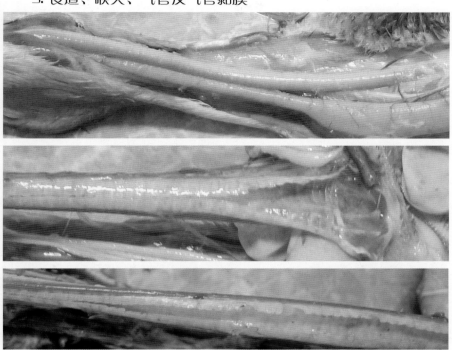

4. 腹腔、脂肪及肝、脾、肺、胰腺、肌胃、小肠

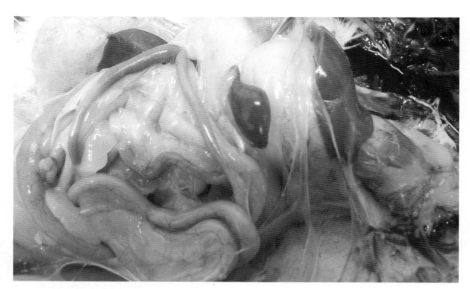

5. 胸腹腔气囊膜

6. 心包、心脏、心内膜

7. 肝脏、肌胃、胰腺、肠道及脂肪

8. 腺胃及其黏膜、肌胃和脂肪及肌胃角质层

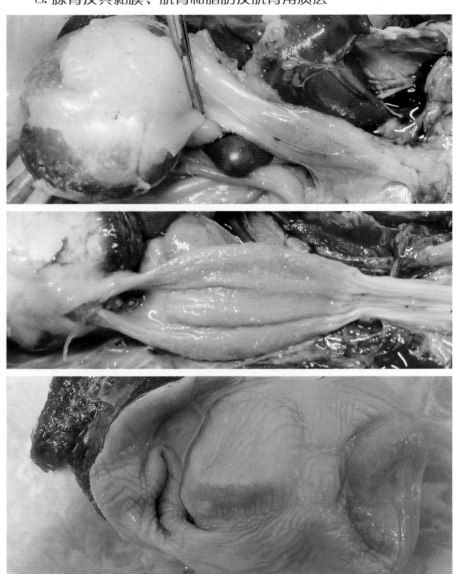

9. 肝脏、肺脏、脾脏、胰腺和脂肪

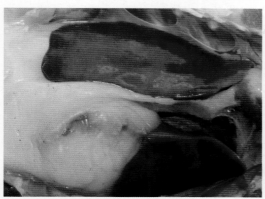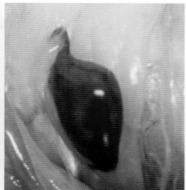

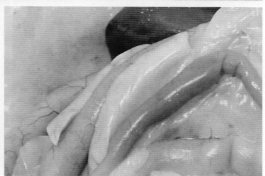

10. 胰腺、脂肪、十二指肠等小肠及肠黏膜

11. 肾及输尿管、肺、未性成熟的卵巢

12. 盲肠及其黏膜

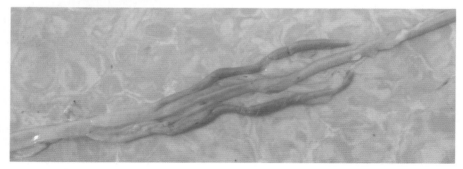

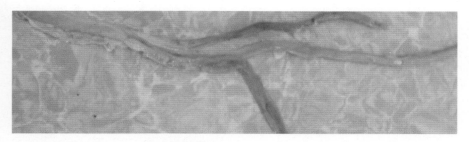

13. 泄殖腔、直肠及其黏膜

14. 产蛋鸭的卵巢、大小不等的卵泡（子）及输卵管

15. 产蛋鸭的输卵管及其黏膜（有纵向皱褶）、子宫及其黏膜

16. 80余日龄鸭的法氏囊及其囊腔内膜

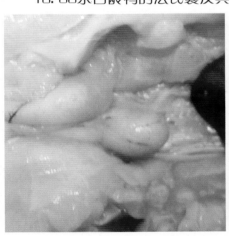 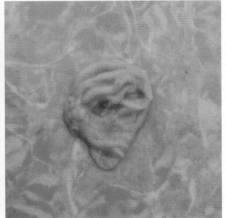

（三）检查了解病死鸭异常表现的基本方法与程序

　　正确检查了解病死鸭的异常表现，是认识鸭病本质的前提，是正确诊断鸭病的关键。经过长期的临床实践，广大兽医科技工作者已经总结出了一套利用我们的眼、耳、鼻、手等感觉器官来正确检查、了解病死

鸭异常表现的基本方法和程序。作为一名鸭病临床诊治工作者，应首先学习和掌握之。随着科学技术的发展，检查、了解病死鸭异常表现的方法越来越科学，我们可以借助多种仪器设备和实验的方法进行检查。因此，现在检查、了解病死鸭的异常表现，一般有三个步骤：查病史、看体内外变化、做实验。具体方法是：问、望（视）、测、切（触）、闻（嗅）、听、剖检等和采集病料送实验室检验。

1. 问

就是以询问的方式，向饲养管理人员调查、了解发病鸭群的病史，包括已经发现的病鸭的临床症状、发病时间、发病日龄、发病率和死亡率、病情发展态势、以往发病情况和周边地区发病情况、养殖管理方式以及发病前饲养管理方法包括饲料的变化等内容。

2. 望（视）

就是用肉眼观察病死鸭的异常表现及发病鸭所处的环境。这里一要观察鸭群中病鸭所占的比例和发病的主要群体；二要观察病死鸭全身体表的变化、精神状态、排泄物的变化、形态和姿势以及呼吸、采食、运动等生理活动情况；三要观察发病鸭所处的环境状况。

3. 测

就是借助一些器械测量一些生理指标，主要测量病鸭的体温、呼吸等变化。

4. 切（触）

就是用手去触摸病死鸭某一部位，以判定病变的位置、形状、温度、硬度与敏感性等。该方法通常用来检查体表脓肿、肿块等。

5. 闻（嗅）

就是用我们的嗅觉去辨别病死鸭的排泄物、分泌物和剖解后内脏及其内容物的气味变化。

6. 听

就是用我们的耳听病鸭发出的异常声音，如咳嗽、气喘等声音。

7. 剖检

就是借助刀剪等器械，对病死鸭进行尸体剖解，以观察其体内各器官组织的异常变化。这里一要观察器官组织的大小形态变化；二要观察器官组织的色泽变化；三要观察器官组织的质地变化；四要观察器官组织内有否异物及其性状。

8. 实验室检验

就是采集病死鸭体上相应的样品（病料），送实验室借助相应的仪器设备、采用相应的实验方法，检查肉眼等人感觉器官无法直接观察到的发病鸭异常表现。该方法常用来检查发病鸭的病原（病因）、微观病理变化等。

（四）简便实用的病死鸭剖检方法图示

1. 颈喉部放血致死

应剪断颈动脉和静脉，不可剪开喉气管和食道，以避免血液流入喉气管和食道。

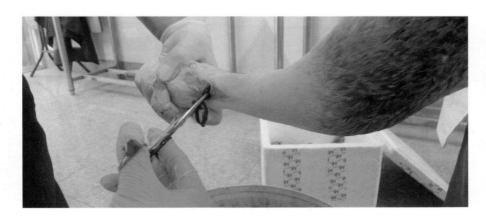

2. 浸泡消毒尸体

3. 固定尸体

4. 分离、检查皮肤和肌肉

5. 打开胸腹腔
用剪刀按图示剖解，最后剪断锁骨和肌肉等组织，防止剪破内脏器官。

6. 检查气囊膜和胸腹膜

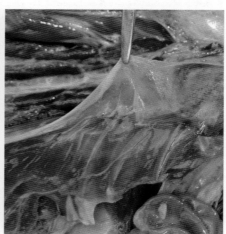

7. 检查肝和胆、脾、胰腺

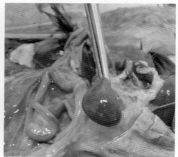

8. 检查心包和心脏

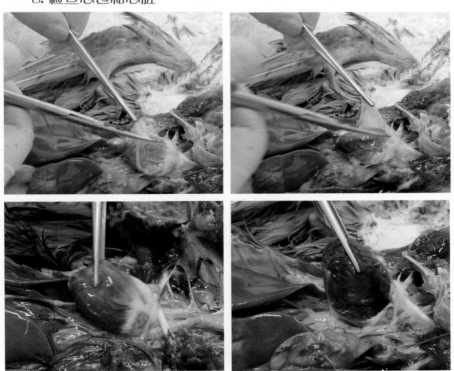

9. 检查肾脏及输尿管

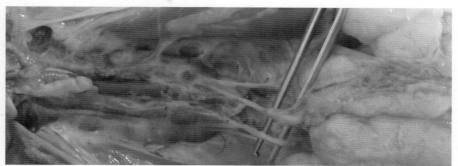

10. 检查卵巢、输卵管（黏膜皱褶为纵向）和子宫

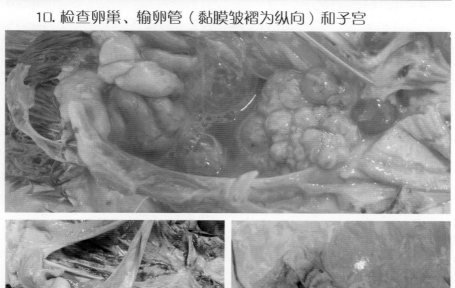

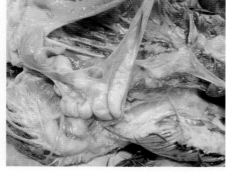 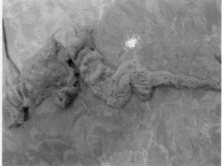

11. 检查胸腺和法氏囊

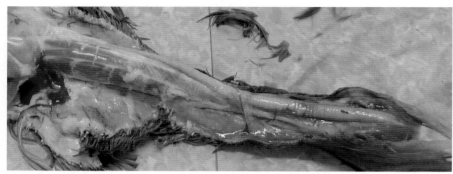

12. 检查眶下窦

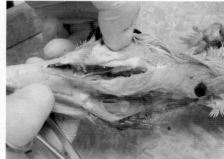

13. 检查口腔

14. 检查喉头、气管、支气管和肺

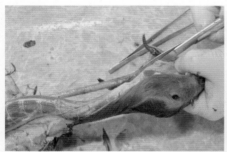 

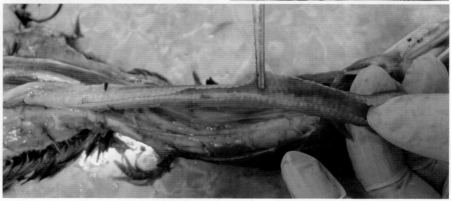

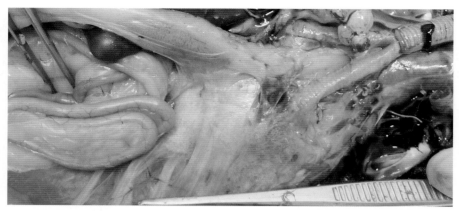

15. 检查食道

16. 检查腺胃、肌胃

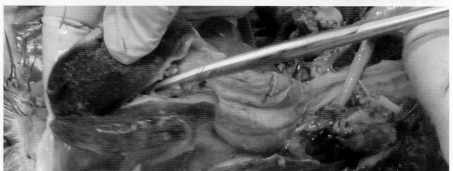

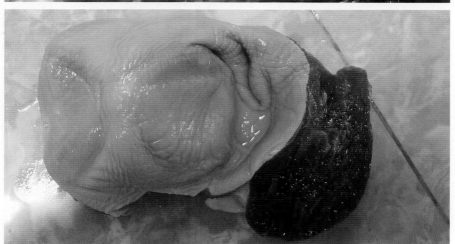

17. 检查小肠

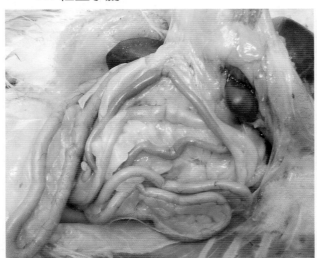

18. 检查盲肠

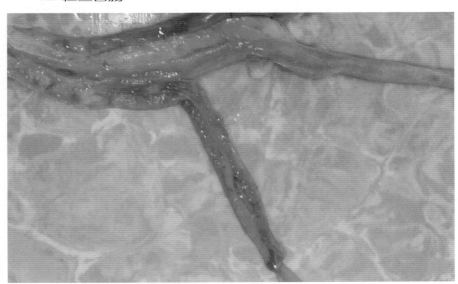

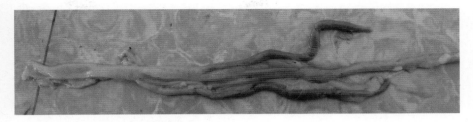

19. 检查直肠、泄殖腔

（五）疾病诊断过程中应注意的问题

　　鸭子发病是一个复杂的过程，各种鸭病表现形式也在不断变化。一方面，同一种鸭病在不同的地方、不同的时间、不同的鸭子上发生，其表现形式可能不一样；在发病的不同阶段，表现也不一样。另一方面，不同的鸭病却有许多相同的表现。因此，在临床诊断鸭病时，应观察了解发病鸭的各种异常表现，并在进行比较、综合分析后才能作出判定。当鸭子发生混合感染或继发感染时，病鸭所产生的临床症状、病变和发病特点等异常表现更为复杂。有的病鸭，几种疾病感染后每种疾病的表现特征都有；有的则是一种疾病的表现占主要地位；还有的则是一种疾病掩盖了另外一种疾病的表现。如果发病鸭所具有的各种异常表现确实复杂，那么要作出正确诊断，就必须开展实验室检验工作。

各种病（死）鸭异常表现 及其相应的疾病

（一）行为、运动和神经组织异常及其相应的疾病

1. 精神沉郁（委顿、嗜睡状）

这是一种许多疾病常出现的临床症状。病鸭表现无精打采，常卧地不愿走动、闭目似睡、缩颈呆立或低头无力、行动呆滞、羽毛粗乱、对食物不感兴趣、少食或不食。禽流感、鸭瘟、鸭病毒性肝炎等病毒病，禽沙门氏菌病、鸭传染性浆膜炎、禽曲霉菌病等细菌病，多种寄生虫病，还有黄曲霉毒素中毒、肉毒梭菌毒素中毒症（呈死状）、喹乙醇中毒、食盐中毒、中暑等大多数疾病，在发病过程中均可出现这样的症状，所以在疾病诊断时应详细检查其他异常变化。

2. 食欲不良或停食

这是多数疾病共有的症状，如禽流感、鸭瘟、番鸭细小病毒病、小鹅瘟、禽沙门氏菌病、禽曲霉菌病、鹦鹉热、球虫病、绦虫病、维生素 B_1 缺乏症、黄曲霉毒素中毒等多种传染病、寄生虫病、维生素缺乏症、中毒病发生时，

病鸭均可表现出食欲不良或停食的现象。因此，在诊断疾病时应详细检查其他异常表现。

3. 对食物啄而不食或随即甩弃

发生番鸭细小病毒病或小鹅瘟时，发病番鸭食欲下降或废绝。虽然有些病鸭仍有采食的动作，但采之不食或随即将所采得食物甩弃。

4. 鸭子聚堆

许多疾病发生后，病鸭有一个共同的表现就是怕冷，为取暖而互相聚集在一起，如禽沙门氏菌病、脐炎型葡萄球菌病、禽呼肠孤病毒感染引起的疾病、普通感冒、喹乙醇中毒等。遇到受冷、突然停电、外来动物（如狗、猫等）突然闯入产生惊吓等也会出现鸭群扎堆现象。因此，在诊断疾病时应详细检查其他异常表现。

［选自陈国宏、王永坤主编的《科学养鸭与疾病防治》(第二版)，中国农业出版社，2011年］

5. 躯体倒翻呈各种姿势，头、脚、翅盲目划动

这是严重共济失调的表现，病鸭既不能站立也不能平稳卧地，而是躯体呈各种异常姿势倒在地上，有的侧翻，有的仰卧，头、脚、翅又盲目地出现多种形态的划动。发生禽流感、鸭病毒性肝炎、禽呼肠孤病

毒感染引起的雏鸭脾坏死症、鸭传染性浆膜炎、禽副伤寒、食盐中毒等以及临死前的小鹅瘟或黄曲霉毒素中毒病鸭，常常出现这种症状。

6. 角弓反张

这是一种特征性的神经症状，因神经持续性兴奋导致颈、背、腿等部位肌肉持续强直痉挛收缩而引起，表现为头颈、躯干僵硬，头颈向背后仰甚至伸直，腿往往向后伸，整个躯体仰曲如弓。这种症状是鸭病毒性肝炎

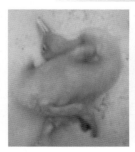  

的典型表现之一，也常见于禽沙门氏菌病、鸭传染性浆膜炎病（频死期）、禽曲霉菌病、维生素 B_1 缺乏症、黄曲霉毒素中毒或一氧化碳中毒等病。

7. 痉挛（抽搐）

这是一种典型的神经症状，表现为动物肌肉不由自主地、阵发或持续地过度甚至强直性收缩，俗称"抽筋"。发生脑炎型大肠杆菌病、有机磷中毒、一氧化碳中毒、食盐中毒或一些肉毒梭菌毒素中毒症时，病鸭可有此种症状。其他多数疾病如小鹅瘟、鸭传染性浆膜炎、鹦鹉热、黄曲霉毒素中毒等病鸭，在濒死期也有此表现。

8. 甩头

在水禽传染性窦炎、禽流感早期、番鸭副黏病毒病、禽出败、普通感冒或舟状嗜气管吸虫病（主要几种吸虫病之一）等病例，因上呼吸道发炎渗出形成阻塞物或者是虫体寄生而妨碍呼吸，为试图排出渗出物或虫体以解除因呼吸障碍带来的痛苦感，病鸭常常出现频频甩头和打喷嚏的症状。临床上这种症状与"摇头"很相似，应注意鉴别。

9. 摇头

发生禽流感、禽曲霉菌病、大肠杆菌病引起的脑炎或鸭传染性浆膜炎时，常可出现因神经功能障碍而引起的摇头症状。临床上这种症状与"甩头"很相似，应注意鉴别。

10. "勾头"

发生禽流感时，有些病鸭的头会出现向下、向体侧一方弯曲的一种特殊现象，使头与颈形成钩子状，俗称"勾头"。

［选自陈国宏、王永坤主编的《科学养鸭与疾病防治》（第二版），中国农业出版社，2011 年］

11. 头颈或全身性震颤（颤抖）

有些疾病发生后，病鸭常出现震颤症状。发生高致病性禽流感时，有的病例其头颈会出现阶段性不停地抖动、摇摆；患了鹦鹉热的病鸭发病初期多有这种表现；感染了禽副伤寒的雏鸭、鸭传染性浆膜炎病鸭濒死前，也有这种症状出现；此现象亦见于有机磷中毒、一氧化碳中毒和禽呼肠孤病毒感染引起的雏鸭脾坏死症等病例。因此，诊断疾病时应细致检查其他异常表现。

12. 头颈呈不同姿势扭转或斜颈

这是一种典型的神经症状，常由脑神经障碍引起。病鸭的头颈时不时地往背后或侧后等不同方向扭转，扭转的姿势多种多样、各有不同，有的往左、有的往右，有的向上、有的向下，有的弯曲、有的旋转，有的因过度扭转导致整个身子侧翻。这种症状主要见于禽流感、番鸭副黏病毒病、亚急性或慢性鸭传染性浆膜炎、大肠杆菌病脑炎、禽曲霉菌病、维生素 E 缺乏引起的脑软化症、食盐中毒等疾病。也有报道称，一些禽巴氏杆菌病慢性脑部感染病例和鸭坦布苏病毒病也有斜颈症状。

13. 头颈扭转，同时出现转圈或倒退运动

很多疾病常有此症状。发生亚急性或慢性鸭传染性浆膜炎的病鸭，有时可出现头颈歪斜，遇有惊扰时不断鸣叫，颈部几乎弯转成直角，并做转圈或倒退运动。发生禽流感、番鸭副黏病毒病或维生素 B_1 缺乏症等疾病时也可有此表现。

14. 头颈发软并向前下垂，喙尖或头着地

发生肉毒梭菌毒素中毒症时，因颈部肌肉麻痹无力，头颈往往向前下垂，鸭嘴喙尖触地或头部着地，俗称"软颈病"。此现象是这种中毒病的一个特征；同时，

病鸭的翅膀、腿可出现麻痹瘫痪，翅膀下垂，不能行走，整个躯体都瘫痪而扑在地上。在严重的鸭瘟病例中也会出现与这种现象相类似的症状。

15. 啄毛（啄癖）

因饲养管理不当如拥挤、营养不全等因素，鸭群中有些鸭会产生啄毛的恶癖，并可使其他鸭子也模仿之，导致鸭子互相叮啄，身上一些羽

毛被啄掉或断碎，并往往使皮肤产生发红、出血等症状。黄曲霉毒素中毒的鸭子也会出现啄毛现象。

16. 啄自身皮毛

这是一种特征性的异常行为。当鸭的身体上有螨虫或虱子寄生时，为消除因寄生虫刺激而产生的不适感，病鸭常常自啄有虫体寄生部位的皮肤或羽毛。须注意此现象应与属于生理性正常的梳理羽毛动作相区别。

17. 翅膀无力下垂

病鸭的翅膀因麻痹而发生瘫痪、无力地松开垂挂在躯干两侧，或同时出现腿麻痹、不能行走，整个躯体都瘫痪而扑在地上的症状。这种症状常见于肉毒梭菌毒素中毒症、鸭瘟、鸭病毒性肝炎、番鸭细小病毒病、鸭坦布苏病

毒病、有机磷中毒、食盐中毒等病例。当发生肉毒梭菌毒素中毒时，还同时出现颈部肌肉麻痹，头颈往往向前下垂，鸭嘴喙尖或头部着地，俗称"软颈病"。

18. 两腿瘫痪（无力），常卧地或呈犬坐状

病鸭两腿常由于神经麻痹或肌肉无力等原因而瘫痪，不能行走，整个躯体扑在地上，有的呈犬坐姿势。这种症状常见于鸭传染性浆膜炎、番鸭细小病毒病、鸭瘟、禽流感、禽霍乱、禽曲霉菌病、鸭坦布苏病毒病、绦虫病、球虫病、维生素 B_2 缺乏症、维生素 E 缺乏引起的雏鸭脑软化症、佝偻病、肉毒梭菌毒素中毒症、喹乙醇中毒、有机磷中毒、食盐中毒等疾病以及临死前的小鹅瘟病例。有的可同时出现翅膀麻痹瘫痪、无力地垂挂在躯干两侧。发生肉毒梭菌毒素中毒症时，还会发生颈部肌肉麻痹，

病鸭头颈往往向前下垂，鸭嘴喙尖或头部着地，俗称"软颈病"。有此表现的疾病较多，诊断疾病时应仔细检查其他异常表现。

19. 两腿叉开站立或行走

发生大肠杆菌病、鸭传染性浆膜炎、黄曲霉毒素慢性中毒、呋喃类药物中毒或食盐中毒等病时，病鸭腹腔中出现多量或大量液体积聚。这种变化常是腹膜或肝脏等器官发生炎症或血液循环障碍的结果。腹腔积水严重时，外观腹部显著膨大，此时病鸭两腿叉开站立或呈企鹅状行走。

20. 跛行

这种症状常因神经、肌肉、关节受损、骨折、足病等原因造成。发生慢性禽霍乱时，一些病程较长的病例可因关节肿胀而跛行；发生葡萄球菌病时常因跗、胫、趾关节发炎肿胀而跛行；发生关节型痛风、慢性鸭传染性浆膜炎时也常因关节受损而出现跛行；黄曲霉毒素中毒的病鸭亦会出现跛行；也见于烟酸缺乏症和一些禽副伤寒引起的关节炎病例；脚掌损伤、注射不当也可引起跛行。

21. 站立不稳、走路摇摆（似"醉汉"、共济失调）

许多疾病发生时，病鸭常因神经障碍引起肌肉运动不协调，表现为不爱活动，站立时左歪右斜、前倾后仰，走路时摇晃不定、步态蹒跚、两翅撑开，或者机体失去平衡而突然倒地。这种共济失调的神经症状可见于禽流感、鸭病毒性肝炎、鸭坦布苏病毒病、鹦鹉热、鸭传染性浆膜炎、禽曲霉菌病、鸭变形杆菌病、维生素 B_1 缺乏症、维生素 E 缺乏、佝偻病、球虫病、绦虫病、磺胺类药物中毒、有机磷中毒、黄曲霉毒素中毒鸭濒死前、中暑等多种病例中，所以诊断时，应细致检查其他异常表现。

22. 以跗关节着地行走

这是一种比较少见的特殊性异常表现。当发生维生素 B_2 缺乏症时，有些病鸭因趾蹼变形、不能撑开而影响正常行走，常出现以跗关节着地移动的行走姿势。也有资料报道，在喹乙醇中毒早期，因下肢麻痹，也会出现以关节行走的异常姿势。

23. 脑膜上有一层白色的似石灰样物质（尿酸盐沉积物）

当剖检病鸭脑部时，细心打开脑壳后发现脑膜上有一层厚薄不一、呈白色的似石灰样物质（尿酸盐沉积物），

[选自陈国宏、王永坤主编的《科学养鸭与疾病防治》（第二版），中国农业出版社，2011 年]

这表明病鸭患了痛风。引起痛风的因素较复杂，如长期饲喂高蛋白饲料、磺胺类药物中毒、钙过量、维生素 A 严重缺乏症等。

24. 脑膜充血或（和）出血

发生禽流感、番鸭副黏病毒病等病的一些雏鸭，脑膜呈现充血、出血的病变，打开脑壳可见脑膜上有面积

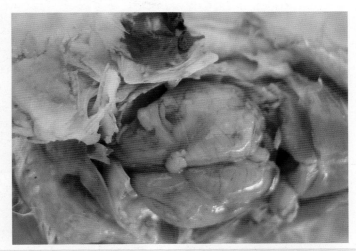

 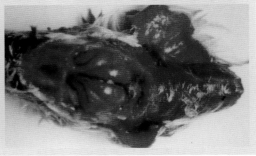

［选自陈国宏、王永坤主编的《科学养鸭与疾病防治》(第二版)，中国农业出版社，2011 年］

大小不一的红色病灶，严重的整个脑膜充血、出血，甚至有流出的血液；发生中暑的鸭子脑膜也会充血。

25. 大脑组织变性坏死呈灰白色

剖检有头颈扭转等神经症状的禽流感病鸭大脑，可见到大脑组织发生

变性坏死的变
化，病灶面积大
小不一，有的犹
如黄豆一般，有
的为大面积甚
至两个脑半球
均发生。变性坏
死脑组织呈灰
白色、结构模糊
或呈糊状。

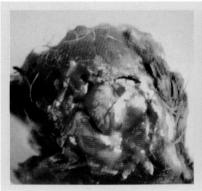

［选自陈国宏、王永坤主编的《科学养鸭与疾病防治》
（第二版），中国农业出版社，2011 年］

26. 脑软膜下和脑室系统中有絮状或片状的灰白色纤维素渗出物（纤维素性脑膜炎）

在发生鸭传染性浆膜炎时，有些病例因中枢神经发生感染而引起纤维素性脑膜炎的病变，发生渗出性炎症，在脑软膜下和脑室系统中出现数量不等、呈絮状或蛋片状的灰白色纤维素蛋白渗出物。

（二）体表异常及其相应的疾病

1. 机体消瘦

一般情况下，鸭子得了一些病程较长的疾病后，在病程后期都会出现消瘦的变化。因此，该症状在疾病诊断方面意义不大，应详细检查了解其他异常变化。如果病鸭发病比较缓慢，并以机体逐渐消瘦为主要症状，或同时伴有精神不振而无其他明显病症时，则考虑可能得了一些寄生虫病或营养不良症。

2. 皮下气肿

饲养管理不当如抓捉粗暴、饲养密度过高等，容易造成鸭子的气囊破裂或胸部骨折，从而使气体溢于或串入皮下，引起皮下气肿，外观可见皮肤鼓起、膨胀，触摸手感有弹性，穿刺有气体排出。当头部皮下气肿时，病鸭两眼变成两个大陷窝。

3. 羽毛断裂或脱落

这种现象在有些疾病中常常出现。当鸭身体上有螨虫或虱子寄生时，可造成鸭的羽毛中间断裂或脱落，同时可刺激其皮肤引起发痒、鸭子自啄羽毛；也因鸭群中有啄毛癖鸭子存在，鸭子互相叮啄，使羽毛脱

落或断碎。同时，该现象往往导致病鸭皮肤产生炎症，出现皮肤发红、肿胀、渗出、结痂、皮肤粗糙等变化。此外，患有亚急性番鸭细小病毒病的大部分鸭子，其颈部和尾部也会出现脱毛的症状。

4. 产蛋鸭翅膀等部位的大羽毛脱落

曾发现，发生喹乙醇中毒后，病鸭在出现一系列病症的同时，往往翅膀等部位的大羽毛发生脱落，脱毛部位羽毛变得稀疏，甚至见不到大羽毛，而在鸭栖息地上则可见到过多脱落的大羽毛。

5. 羽毛上有虱子

发生鸭羽虱寄生时，在鸭子的羽毛或皮肤上可见到数量不定、会爬行的虱子。虱子呈淡黄色或灰褐色，大小不一，长度由不足 1 毫米到 6 毫米以上，一般为 1~4 毫米，分头、胸、腹三部分，无翅，背腹扁平。虱子虫卵则细小，须细致观察才可发现。

6. 喙发绀，呈紫红色或紫黑色

在有些疾病中，因喙淤血、出血或机体缺氧，导致喙的颜色发绀，但因疾病、病程和严重程度不同，发绀程度也不一样，呈现为紫红色到紫黑色不等。这种症状常见于鸭病毒性肝炎、番鸭细小病毒病、小鹅瘟、

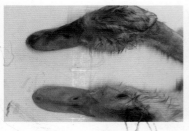
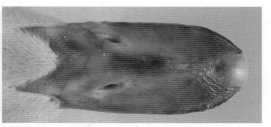

禽流感、大肠杆菌病、急性禽出败、禽曲霉菌病、黄曲霉毒素中毒、痢菌净中毒、喹乙醇中毒等病例。

7. 雏鸭的喙呈樱桃红色（粉红色）

在采用炭火加温进行育雏过程中，因管理不慎易导致雏鸭发生一氧化碳中毒。此时，病鸭的喙常变成樱桃红色（粉红色），同时肝脏也可呈现樱桃红色。

8. 喙上有脓肿

葡萄球菌感染发病时，有些病鸭的喙部发生脓肿，可见有局限性的呈囊状的肿胀；剖开肿胀部位，可见到化脓性炎症渗出物（脓液）。

9. 喙部表皮上有水泡或破裂后结痂

发生光过敏症、痢菌净中毒时，也有资料称喹乙醇中毒时，病鸭喙表皮发生炎症，出现水泡，水泡破裂后表皮发生溃烂、结痂、脱落等症状。有的病例，病

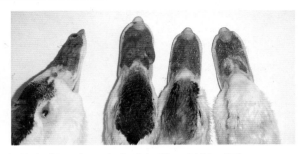

鸭头部也可发生过敏性皮炎的变化，表现为皮肤红肿、粗糙不平。

10. 喙部表皮发炎、出血及脱落

发生光过敏症、痢菌净中毒时，也有资料称喹乙醇中毒时，病鸭的喙出现广泛发炎、出血及上皮脱落等病变，最后可引起鸭嘴萎缩、变形。

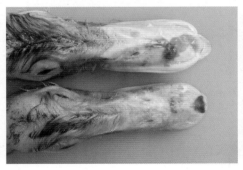

11. 上喙部萎缩、喙边缘上翻

这是一个特征性的病变，是光过敏症、痢菌净中毒的后遗症，有资料称喹乙醇中毒后也会有此病变。发生光过敏症、痢菌净或喹乙醇中毒后，初期病鸭上喙出

现水泡性皮炎，水泡破裂后表皮呈现溃烂、脱落或形成结痂；不死亡的病鸭，最后上喙萎缩、喙边缘上翻。

12. 头部皮肤大面积发炎、粗糙不平、红肿或结痂

发生光过敏症、痢菌净中毒时，鸭的头部皮肤可大面积发生过敏性炎症，出现皮肤红肿、粗糙不平、有炎性渗出物、表皮脱落等症状，时间长后形成结痂。同时，可出现喙部炎性水泡、破裂后结痂、表皮发炎脱落等过敏性炎症。

13. 头颈部肿大

发生鸭瘟（鸭病毒性肠炎）疫病时，发病群中有部分病鸭的头颈部出现显著肿胀，比正常鸭的头颈明显粗大，俗称"大头瘟"。拨开颈部腹侧羽毛，可见皮肤水肿。这是鸭瘟病的一个特征性症状。在禽流感的一些病例中，也有类似的症状。

14. 眼睑水肿

眼睑发生水肿时，眼睑变厚，突出于头部表面或使眼睛难以睁开。这种病变常见于眼型大肠杆菌病、葡萄球菌病、水禽传染性窦炎、发生禽副伤寒的雏鸭、禽曲霉菌病（侵害眼睛）、嗜眼吸虫病（主要几种吸虫病之一）。这也

是鸭瘟的一个特征性症状，严重肿胀时，眼睑翻出于眼眶外，同时有流泪症状。当舍内氨气、甲醛浓度过高产生刺激时，亦可引起眼睑肿胀。

15. 流泪或眼中有浆液性或脓性分泌物，眼周围常形成"黑眼圈"

正常鸭的眼睛润泽光亮，眼中没有明显可见的流淌液体。如果有水样液体流出，即流泪，表明鸭子发生了疾病。流泪时，常常可见"黑眼圈"（因眼眶周围的羽毛潮湿，并粘有污秽物而形成）。发生鸭瘟、鸭传染性浆膜炎或鹦鹉热的病例常有这种症状，并且后期流出的眼泪呈黏性或脓性，使上下眼睑发生粘连，严重者眼睑水肿或外翻。流泪也见于禽流感、眼型大肠杆菌病、维生素 A 缺乏症、嗜眼吸虫病（主要几种吸虫病之一）、普通感冒等。当舍内氨气、甲醛浓度过高产生刺激或发生一些光过敏症、有机磷中毒病例时，亦可出现此症状。因此，诊断疾病时应详细检查其他异常表现。

16. 眼结膜炎

许多疾病可引起眼结膜发炎。鸭瘟病鸭的常见症状之一，就是表现

流泪、眼睑水肿、结膜充血或有小点出血甚至有小溃疡灶，眼睛中有浆液性或黏液性甚至是脓性分泌物，有的病例眼角处有泡沫，后期上下眼睑粘连，整个眼睛可能凸起。在一些鹦鹉热、葡萄球菌病、水禽传染性窦炎、眼型大肠杆菌病、禽曲霉菌病（侵害眼睛）、嗜眼吸虫

病（主要几种吸虫病之一）病例中，也常见有结膜炎发生。亦见于舍内氨气、甲醛浓度过高产生刺激和一些光过敏症的病例。

17. 眼睛混浊并带蓝灰色、失明

发生禽流感时，一些病鸭的眼睛出现特征性病变，结膜和角膜混浊、不透明，呈蓝灰色，严重的失明。嗜眼吸虫病（主要几种吸虫病之一）后期也会出现眼睛混浊的变化。此病变与维生素A缺乏引起的某些眼睛病变相似，应注意鉴别。

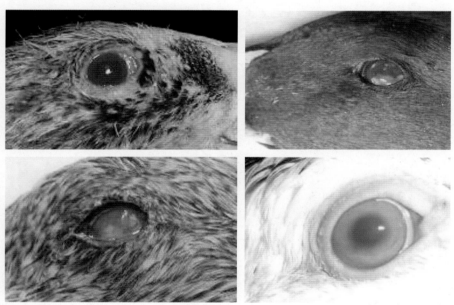

18. 眼睛角膜混浊发白甚至呈白色干酪样，严重的眼球干瘪萎缩下陷

有这种异常表现的疾病并不多见。维生素A缺乏可引起角膜发炎、变性，出现混浊发白甚至变成白色干酪样物，严重的眼球干瘪萎缩下陷（全眼球炎），眼睛完全失明。发生嗜眼吸虫病（主要几种吸虫病之一）时，也可出现角膜混浊或溃疡。全眼球炎也偶见于衣原体病。此病症病情较

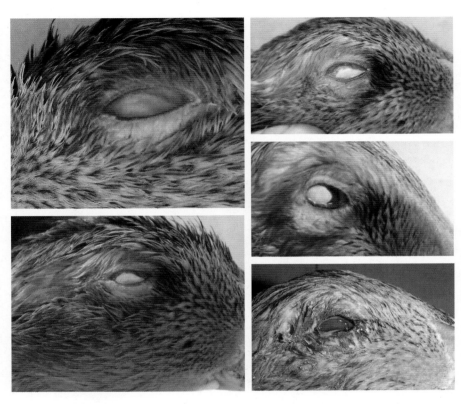

轻时，病变类似于禽流感病鸭，应注意鉴别。

19. 鼻孔流出浆液性或脓性分泌物

　　这种症状是一些疾病常见
的一个表现，如鸭瘟、亚急性
禽流感、番鸭发生小鹅瘟、水
禽传染性窦炎、禽出败、鸭传
染性浆膜炎、普通感冒、鹦鹉
热等病例。发病初时病鸭鼻腔
中流出浆液性泡沫状的分泌

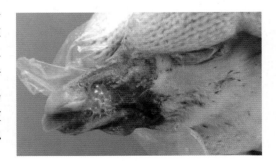

物，后变脓性，鼻孔周边常粘有污秽物质，分泌物干后可堵塞鼻孔。

20. 一侧或两侧眼眶前下方呈球形肿胀突起

鸭发生水禽传染性窦炎时，一个特征性的病症是在病鸭的单侧或两侧眼眶前下方（眶下窦）部位出现明显的肿胀，严重的呈球状或卵圆形凸起。这是因为眶下窦发生炎症渗出，导致大量渗出物积聚而引起肿胀。剖检肿胀处可见眶下窦有浆液性、黏液性分泌物或干酪样物。临床上曾

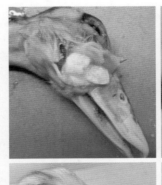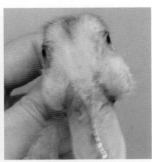

从这种病例中分离到大肠杆菌。

21. 羽毛减少，或同时裸露皮肤发炎

此现象常由于饲养管理不当如拥挤、营养不全等因素存在，导致鸭

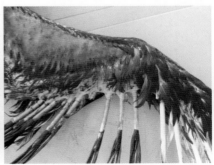

群中有些鸭产生啄毛的恶癖，随后其他鸭也模仿之，导致鸭子互相叮啄，身上一些羽毛被啄掉或断碎而引起，并往往使皮肤产生发红、出血等炎症。黄曲霉毒素中毒的鸭子也会出现啄毛现象。大部分患亚急性番鸭细小病毒病的鸭，其颈部和尾部也会出现脱毛现象。

22. 腹部膨大、下垂

此现象大多是因腹腔积液引起的。发生黄曲霉毒素慢性中毒、食盐中毒或呋喃类药物中毒和有些大肠杆菌病、鸭传染性浆膜炎或内脏肿瘤等病时，腹腔中往往出现多量或大量液体积聚。这种变化常是腹膜或肝脏等器官发生炎症或血液循环障碍的结果。腹腔积液严重时，外观腹部显著膨大，此时病鸭两腿叉开站立或呈企鹅状行走。剥去腹部皮肤后腹腔呈透明状，可见到腹腔内的液体；打开腹腔，有大量、比较清朗或混浊的棕色或黄色液体流出。有些禽曲霉菌病病例也偶见有淡红色腹水。

23. 雏鸭脐部发炎肿胀，或同时卵黄吸收不全

当雏鸭发生脐部感染时，可见脐部肿胀、皮下充血、出血，有胶冻

样渗出物，有的脐孔闭锁不全，这常常是雏鸭得了大肠杆菌病、葡萄球菌病或禽沙门氏菌病的结果。这种病例往往同时出现卵黄吸收不全或者卵黄破裂等变化，继而引起腹部膨大。

24. 肛门周围粘有泻便

出现反复腹泻症状的各种疾病，都可能有此种表现。如得了番鸭细小病毒病、禽沙门氏菌病、鸭传染性浆膜炎、大肠杆菌病、鸭坦布苏病毒病、番鸭副黏病毒病等的病鸭，常有泻便在肛门周围的羽毛上不断黏聚、玷污，形成粘挂粪便的肛门。因此，在诊断疾病时，应详细检查其他异常表现。

25. 泄殖腔黏膜发炎外翻

患了鸭瘟、番鸭细小病毒病或大肠杆菌病引起的肠炎后，有些病鸭的泄殖腔黏膜会发生炎症，导致泄殖腔黏膜充血或出血、渗出、肿胀，严重的继而向外翻出。外翻后会进一步加重泄殖腔的炎症病变，可见黏膜损伤坏死或渗出物形成糠麸样假膜。

26. 泄殖腔等内脏外翻、脱出

大肠杆菌感染引起产蛋鸭输卵管（子宫）、泄殖腔严重发炎，致使其下垂脱出到体外，有的连直肠也一起脱出，可见到泄殖腔等脱出外翻的黏膜充血、出血、水肿、有渗出物；有的黏膜外翻呈菜花状、发紫、粘

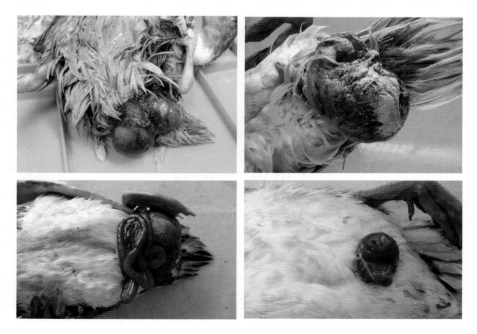

有污物或结痂。高产蛋鸭因产蛋疲劳也会出现这种症状。有的病例因其他鸭子啄咬其脱出的泄殖腔（啄肛癖）或其他原因，导致腹壁破裂，致使肠子也流出到体外。

27. 关节发炎肿胀

这种病变可见于多种疾病。病程较长的一些禽霍乱病鸭，一侧或两

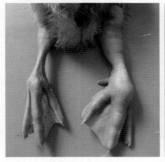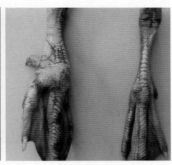

侧的跗、腕以及肩等关节发生肿胀、发热和疼痛，病鸭起立和行动困难，严重的不能站立。葡萄球菌病病例常表现为跗、胫、趾关节发炎肿胀、热痛。大肠杆菌病引起的关节滑膜囊炎，常出现肩、膝关节肿胀。慢性鸭传染性浆膜炎病例可出现跗关节炎而局部肿胀，触之有波动

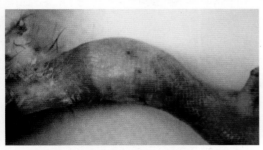

感，剪开关节，可见关节内有性状不一的渗出物或增生组织。一些痛风病例，关节内因尿酸盐沉积而引起肿胀，剪开关节可见内有白色物质。关节发炎也见于一些禽副伤寒的病例。

[选自陈国宏、王永坤主编的《科学养鸭与疾病防治》（第二版），中国农业出版社，2011 年]

28. 跗关节增大，腿弯曲

雏鸭在生长发育过程中如果得不到足够的烟酸，就会引起腿部病变，出现跗关节增大，腿呈弓形，继而发生跛行。这种症状也见于佝偻病。

29. 脚关节肿大、内积有石灰样物质（尿酸盐）

这是关节型痛风的一个特
征性表现。痛风严重时，尿酸
盐会大量沉积在一些关节腔内，
使关节肿胀、变形。初期关节
肿而软，后变硬，导致鸭子行
动困难、跛行或不能站立。切
开肿胀关节，可见有米汤状或

膏状的白色物质。引起痛风的原因有多种，如维生素 A 严重缺乏、过多
饲喂含蛋白质高的饲料、饲喂高钙饲料、不合理使用磺胺类药物和氨基
糖甙类抗生素等。

30. 雏鸭腿脚皮肤发绀，呈紫红色或紫黑色

有些疾病发生后因缺氧、出血或淤血可产生这种症状。发生急性禽

 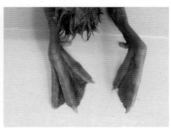

出败或禽曲霉
菌病后，病鸭
因呼吸困难造
成机体缺氧，
血液变紫色，
从而使其脚部
皮肤呈紫色；禽流感、鸭病毒性肝炎病例，因出血或淤血其腿脚也发绀；
黄曲霉毒素中毒病例的鸭腿脚呈淡紫色；喹乙醇中毒时趾脚变紫黑色。

31. 脚趾（蹼）上翻、脚蹼表面和腿外侧有褐色厚痂

发生光过敏症、痢菌净中毒的有些
病鸭，在喙变形的同时，另一个后遗症是

［选自高福等主译的《禽病学》（第
九版），北京农业大学出版社，1991 年］

脚趾出现变化，即脚趾向上翻转，脚蹼皮肤表面和腿外侧有褐色厚痂疤痕，此时病鸭走路姿势可能出现异常。

32. 雏鸭脚趾向内卷曲，严重的如握拳状

这是雏鸭在生长发育过程中缺乏维生素 B_2（核黄素）所表现出来的一个典型病症，病鸭的脚趾连同蹼向内卷曲，严重的似握拳状，导致病鸭行走困难、走路姿势异常，有的以跗关节着地行走。

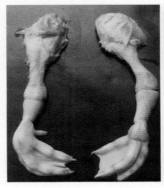

（图片由郭玉璞提供）

33. 雏麻鸭脚趾蹼肿胀、发紫甚至坏死

由禽呼肠孤病毒感染引起雏鸭脾坏死症时，一些病鸭的脚趾和脚蹼因充血或（和）出血而引起肿胀、发紫，严重的整个鸭脚呈紫色或紫黑色，病程较长时可引起发病部位皮肤坏死、糜烂。

34. 脚掌部有化脓性球形肿胀

发生禽巴氏杆菌病或葡萄球菌病时，一些病鸭的脚掌部可发炎、化脓，肿胀如核桃大，切开肿胀部可见脓性和干酪样坏死物质。

（选自蔡戈、赵伟成编著的《鸭病防治150问》，金盾出版社，2011年）

35. 脚掌部有化脓性坏死或结痂增厚

葡萄球菌感染可引起一些病鸭的脚掌部发炎、化脓、坏死、结痂，可见到病鸭脚掌上有数量不定的、单个或相互集结的、呈结节状的污秽病灶。正常的体形较大的成年鸭也可因脚掌长期磨损而引起组织增生，增生部位易破溃、感染。

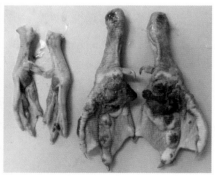

36. 脚蹼表皮角质化过度呈棘皮状

锌缺乏时，鸭脚趾间蹼甚至脚其他部位的表皮发生炎症，并因表皮角质化过度而呈棘皮状。出现此症状时，应通过化验分析鸭子饲料中锌的含量进行确诊，如锌不足则应调整日粮配方。

（三）皮肤（皮下）、肌肉、脂肪、骨骼异常及其相应的病变

1. 全身皮肤充血、出血，变成红色或紫红色

患了禽流感或鸭瘟的一些病鸭，全身皮肤可能都发生充血、出血的病变，全身多处皮肤呈现出从鲜红到深红色的外观。

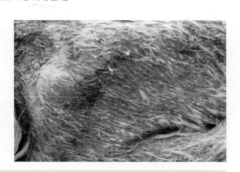

［选自陈国宏、王永坤主编的《科学养鸭与疾病防治》(第二版)，中国农业出版社，2011年］

2. 死亡鸭全身皮肤发紫

非放血死亡鸭，不论何种原因引起，大多数情况下，死鸭的皮肤会变成紫色。这是因为死亡鸭呼吸停止，血液中缺氧，红细胞中含氧血红蛋白显著减少，使皮肤血管中血液变成暗红色的结果。

3. 皮肤发炎，并有螨虫寄生

有资料认为，恙螨、鸡刺皮螨、突变膝螨等数种螨虫可在鸭子皮肤上寄生。不同螨虫的形态有差异，但多呈圆形或卵圆形，背腹略扁平，有头和躯体两部分，四周有长短不一的螯肢（刚毛），成虫直径在1毫米以上，幼虫不足1毫米。有螨虫寄生的皮肤会发炎，皮肤粗糙增厚甚至有

脓样结节，羽毛断落，细致检查有时还可见到螨虫，当螨虫吸足血液后可在皮肤上见到红色小点。

[选自苏敬良等主译的《禽病学》（第十一版），中国农业出版社，2005年]

4. 雏番鸭皮下组织充血、出血

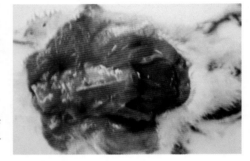

有资料报道，发生小鹅瘟的雏番鸭皮下组织可出现充血、出血的病变。剖开掀起发病雏番鸭的皮肤，可见皮下整片呈红色，并有渗出的血液。

[选自陈国宏、王永坤主编的《科学养鸭与疾病防治》（第二版），中国农业出版社，2011年]

5. 头颈部皮下（肌肉）有紫红色出血灶

发生禽流感的部分病鸭头颈部可能肿胀，剥开皮肤可见皮下有水肿，并有数量不定、大小不等的紫红色出血斑点。发生黄曲霉毒素慢性中毒时，病鸭的皮下组织也有出血。

6. 头颈部或其他部位皮下有淡黄色胶样物质

在一些鸭瘟或禽流感病例中，剥开发病鸭头颈肿胀部位的皮肤，可见皮下组织中有大量淡黄色渗出液浸染，并呈胶冻样。发生维生素 B_1 缺乏症时，病鸭许多部位皮下也出现此病变。

7. 背部或肛门皮肤坏死

在发生鸭传染性浆膜炎的一些慢性病例中，病鸭的背下部或肛门周围发生坏死性皮炎，病变皮肤呈黄色。切开皮肤，其切面呈海绵，似蜂窝状变化（蜂窝织炎），皮肤和脂肪层之间可见淡黄色渗出物。

8. 胸腹部等皮肤局部或广泛坏死变色、皮下炎性渗出胶样浸染

发生皮炎型葡萄球菌病时，病鸭胸腹部或大腿内侧等处的皮肤发生坏死性炎症，严重的呈糜烂状，皮肤变为紫红色、蓝紫色等不同颜色，有的皮肤化脓。患部皮下组织也发生炎症、肿胀，常有棕黄色或棕褐色的出血性胶冻样的渗出物浸润，甚至坏死。

发生鸭变形杆菌病时，慢性感染者可常在屠宰后见到体表局部肿胀、表皮粗糙、色泽发暗、皮下组织出血，并有多量胶冻样物质渗出。

9. 胸骨部皮下炎性肿胀（龙骨浆液性滑膜炎）

发生葡萄球菌病或长期摩擦刺激，可引起龙骨浆液性滑膜炎，在胸骨部皮下出现肿胀。剥开皮肤，可见皮下充血、红肿，有浆液渗出，并常呈胶冻样。

10. 肌肉上有紫红色的出血斑

磺胺类药物中毒或禽流感会引起鸭胸部、腿部等处肌肉出血，肌肉

上可出现数量不定、大小不等的条块状、斑点状的病灶，呈红色、紫红色或紫黑色变化。

11. 肌肉苍白，并有出血囊点

患有住白细胞原虫病的病鸭，不仅会因贫血造成肌肉等组织器官褪色苍白，而且会出现数量不定、大小不等、点状或囊状的紫红色出血病变。

12. 死亡鸭胸肌深处严重出血、发黑

这可能是由于在胸肌部注射疫苗或其他药物不当，引起大出血所致，并导致鸭子死亡。在这种情况下，剖开胸部肌肉可见到大量发紫的血凝块。

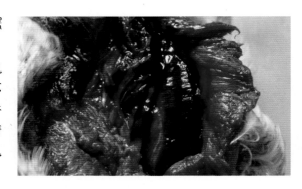

13. 骨骼肌有白色的条纹或区块（白肌病）

在生长发育过程中，当鸭子发生维生素 E 或（和）硒缺乏症时，病鸭胸部或（和）腿部肌肉将发生营养不良症，引起非常特殊的变性，即肌肉上出现条纹状或成片等形态、面积大小不一的变性，呈苍白色，混浊、无光泽，肌肉似煮过一般（白肌病）。

14. 脂肪出血

脂肪组织发生出血时，在其上可见数量不定、呈红色或紫红色的出

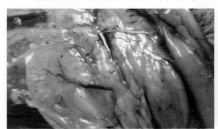
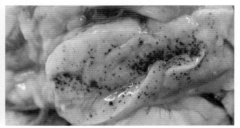

血斑点。由于脂肪组织为黄白色，所以出血斑点会显得特别明显。脂肪出血常见于禽流感、禽巴氏杆菌病、磺胺类药物中毒等病例。

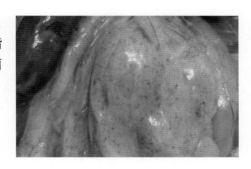

15. 雏番鸭脑壳充血、出血

发生一些番鸭细小病毒病、禽流感、鸭传染性浆膜炎、葡萄球菌病或禽呼肠孤病毒感染引起的雏番鸭"新肝"病时，剖开掀起发病雏番鸭的头皮，可见其脑壳上有面积大小不一、呈红色或紫红色的充血、出血病灶，严重的整个脑壳都发生充血、出血病变。

［选自陈国宏、王永坤主编的《科学养鸭与疾病防治》（第二版），中国农业出版社，2011年］

16. 胸廓塌陷，肋骨和肋软骨变形

发生维生素D缺乏、钙磷缺乏或比例不当时，由于钙磷代谢失调，导致钙在骨骼中沉积不足，一

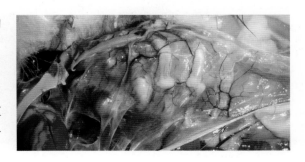

些病鸭的肋骨和肋软骨出现变形，呈结节状肿大、畸形弯曲等变化，严重的整个胸廓外观呈塌陷状态，即为佝偻病。

（四）消化系统异常及其相应的疾病

1. 口流黏液（流涎）

出现口腔流涎时，病鸭口腔周围黏附着大量黏液或污秽物，或者黏稠黏液呈线状垂挂下来。这种症状主要见于有机磷、喹乙醇等引起的中毒性疾病和急性禽巴氏杆菌病。

2. 腹泻

所谓腹泻，是指排便次数显著增加、粪便性状发生改变的病症。此现象是多种疾病共有的症状，但不同的疾病，腹泻程度和粪便性状不一样。

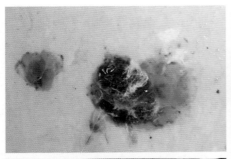

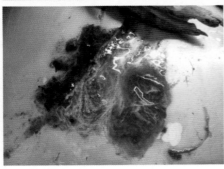
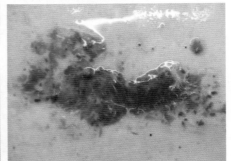

泻便呈灰白色或绿色的，常见于禽流感、鸭瘟、小鹅瘟、番鸭细小病毒病、禽出败；排淡绿色水样便的，主要见于鸭传染性浆膜炎、鸭坦布苏病毒病、鹦鹉热、绦虫病；患痛风的病鸭常排白色泻便；患坏死性肠炎的常排红褐色或黑褐色焦油样粪便。腹泻是禽沙门氏菌病、大肠杆菌病的特征性表现。发生葡萄球菌病、禽曲霉菌病、许多寄生虫病及某些中毒病等也常出现腹泻，泻便常常粘于肛门周围。由于腹泻表现形式复杂，因此仅依据泻便性状来诊断这些疾病是困难的。

3. 便血

粪便中含有血液，表明消化道出血。发生球虫病时，病鸭常常出现急性出血性下痢，血便呈咖啡色、褐红色到红色不等；一些急性禽出败病例和发生鸭棘头虫病的鸭子，泻便中也常带血。

4. 口腔或（和）食道内有大量血液（血块）

这是体内大出血的表现。常由于饲养密度过高、受冷、突然停电、外来动物（如狗、猫等）突然闯入产生惊吓等导致鸭群扎堆，从而使下部鸭子受到挤压受伤而引起，或者是受到重物撞击、粗暴抓鸭等物理性伤害的结果。

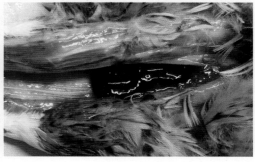

5. 口腔有红肿、溃烂等变化（口腔炎）

雏鸭在生长发育过程中如果得不到足够的烟酸，就会发生口腔炎症，表现为口腔内的黏膜上出现红肿、有渗出物或溃烂和结痂，从而影响吃料。

6. 口腔、食道黏膜出血，并常有黄褐色糠麸样假膜（常呈条索状）

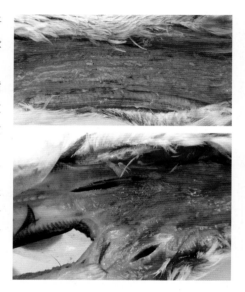

鸭瘟病例中，一个特征性的病变是多数病鸭的口腔、食道黏膜发生出血和坏死，可见黏膜上有数量不定、大小不等的红色或紫红色出血斑点，并常有由黏膜坏死组织和炎性渗出物形成的大量黄褐色糠麸样假膜覆盖。这些假膜常呈纵向条索状或斑块状，易剥离，剥离后食道黏膜上留下溃疡斑痕。

7. 口腔、食道黏膜增厚隆起成灰白、灰黄色假膜或有溃疡

发生家禽念珠菌病时，病鸭口腔、食道黏膜常出现病变，表现为黏膜增厚，黏膜上有由黏膜坏死组织和炎性渗出物形成的灰黄色或灰白色、形态不一、隆起的伪膜；在口腔常形成黄白色、干酪样的典型"鹅口疮"。严重的病例，黏膜广泛坏死而形成连片的一层假膜，剥去这些假膜，可见坏死、出血和溃疡。

8. 食道黏膜有红色或紫红色出血斑点

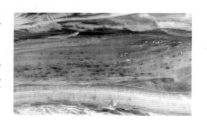

发生鸭瘟或禽流感时，纵向剪开病鸭的食道，可见黏膜上有数量不定、大小不

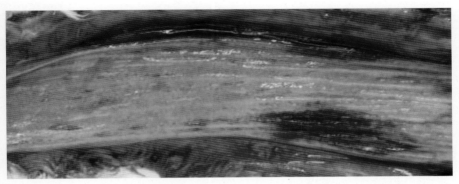

等的红色、紫红色或紫黑色出血斑点。鸭瘟病例中还可能同时见到由黏膜坏死组织和炎性渗出物形成的糠麸样假膜。

9. 食道黏膜上有条索状的白色或灰黄色干酪样颗粒小点（鹅口疮）

发生家禽念珠菌病的一些病鸭，其食道黏膜上形成大量隆起的白色或灰黄色、颗粒状干酪样小点，这些小点常呈纵向排列，好似一条条白色的绳索附着在黏膜上。这种病变与维生素 A 缺乏症表现的白色坏死小结节和鸭瘟的食道病变相似，应注意鉴别。

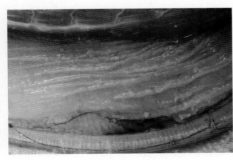 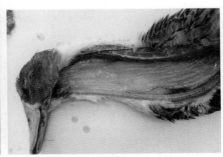

10. 食道等上消化道黏膜上有大量散在的白色坏死小结节

当发生维生素 A 缺乏时，病鸭食道、咽部甚至口腔黏膜上出现大量白色、直径 2 毫米左右的坏死小结节，多时小结节密密麻麻，覆盖整个

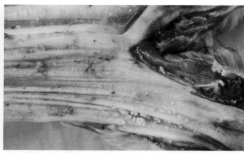

黏膜表面；随着病情的发展，坏死小病灶增大，突出于黏膜表面；病程进一步发展后，这些病灶变成由炎症渗出物包围着的小溃疡。维生素A缺乏症的这种病变与家禽念珠菌病表现的灰白色干酪样颗粒小结节相似，应注意鉴别。

11. 腹腔积液（腹水）

参见本书第137页相关内容。

12. 死亡鸭腹腔内有大量的血凝块

参见本书第138页相关内容。

13. 腹膜上有紫红色出血斑点

参见本书第138页相关内容。

14. 腹膜上有白色肉样肿瘤结节

参见本书第139页相关内容。

15. 肝脏等内脏和气囊上有灰（黄）白色结节或灰色霉菌斑点

发生禽曲霉菌病的鸭子，在气囊或同时在肝脏等内脏上出现数量不定的粟粒大至黄豆大的黄白色或灰白色结节。切开结节，可见有层次的结构，其中心为干酪样坏死组织，内含大量菌丝体，外层为类似肉芽组织。有的还未形成结节，是一个个灰色的霉菌斑点。长期使用抗生素引起菌

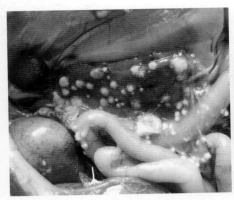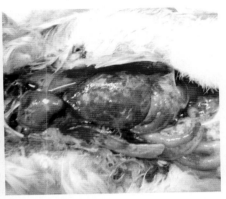

群失调也会导致霉菌生长。

16. 肝脏等内脏和气囊（腹膜）上附着一层石灰样物质（尿酸盐）

这是痛风（内脏型）的特征性病变。大量白色的尿酸盐可沉积在腹腔、胸腔中肝、心包等内脏和气囊的表面，像一层石灰不均匀地撒在上面一样，

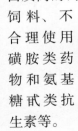严重的地方为一层厚厚的白膜，稍轻的像稀稀地撒了一层白粉。引起痛风的原因有多种，如维生素 A 严重缺乏、过多饲喂含蛋白质高的饲料、饲喂高钙饲料、不合理使用磺胺类药物和氨基糖甙类抗生素等。

17. 肝脏等内脏上和腹腔中有大量灰白（黄）色、絮（片）状纤维素渗出（腹膜炎）

发生大肠杆菌病或鸭传染性浆膜炎时，有些病鸭出现严重的腹膜炎，腹腔中有大量黄（灰）白色的纤维素渗出，呈絮状或条片状，黏附在腹膜

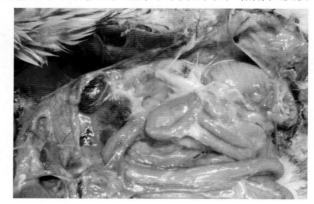

或各种脏器上，有的腹腔有积液。病程长的，纤维素引起各脏器间或（和）与腹壁发生粘连。此种病变也见于卵黄性腹膜炎。组织滴虫病或鸭棘头虫病严重并引起肠穿孔后也可导致腹膜炎发生。

18. 肝脏等内脏上和腹腔中有大量黄色渗出物（卵黄性腹膜炎）

这是因卵巢发生病变或输卵管炎导致卵子破裂、卵黄流到腹腔而引起的一种腹膜炎。发生这种腹膜炎时，不仅卵巢或输卵管有病变、卵子破裂，而且腹腔内还有流淌的卵黄色液体，整个腹腔内的脏器上都覆盖

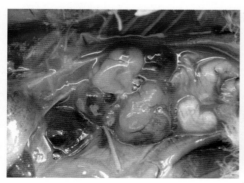

着带有卵黄的炎性渗出物；有的病例腹腔中和各种脏器上附有大量条块状或絮片状纤维素，严重的造成粘连。这种病变在禽流感、鸭瘟、鸭坦布苏病毒病、大肠杆菌病、禽沙门氏菌病、前殖吸虫病（主要几种吸虫病之一）等疾病中常常出现。当产蛋鸭受到长途运输等应激后，卵巢也会发生变性、退化，甚至卵子破裂而引起腹膜炎。

19. 肝脏褪色呈苍白色、质地变硬

由陈国宏、王永坤主编，中国农业出版社出版的《科学养鸭与疾病防治》（第二版）一书中记载，发生黄曲霉毒素中毒的鸭子，其肝脏出现褪色变化，呈苍白色，并且质地变硬。

20. 肝脏呈樱桃红色

在采用炭火加温进行育雏过程中，如果操作不慎，易导致雏鸭发生一氧化碳中毒，剖检病死鸭可见到其肝脏变成樱桃红色，同时嘴部的喙也出现同样的颜色。

21. 肝脏肿大、色暗

发生禽沙门氏菌病、磺胺类药物中毒、喹乙醇中毒、呋喃类药物中毒或鸭坦布苏病毒病等病的一些病鸭，肝脏往往出现充血肿胀，表现为肝边缘钝圆、切面外翻，肝色泽变深呈暗红色或深紫色，有的还有出血点和坏死灶。

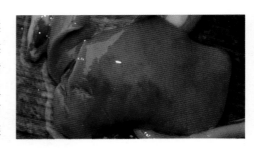

22. 肝脏充血、出血、变性，有暗紫色斑块

发生急性痢菌净中毒时，曾发现病鸭肝脏可出现充血、出血、变性等变化，肝表面呈现出颜色深浅不一的暗紫色斑块，变性部分褪色。

23. 肝脏肿大，并呈青铜色或绿褐色

这是一种特征性的病变，常见于两种疾病。在发生禽沙门氏菌病的一些鸭子中，肝脏不仅肿大、边缘钝圆、切开肝脏切面外翻，而且颜色呈青铜色或绿褐色，有的肝脏上还有灰白色坏死灶。有些鸭瘟病例也有

此病变，感染早期肝脏呈浅铜绿色，并可有不规则细小出血点和白色坏死灶，感染后期呈暗古铜色或着染胆汁色，并且白色坏死灶更明显，但出血点不易见到。

24. 肝脏肿大，并黏附大量黄白色纤维素膜（肝周炎）

一些疾病导致肝脏发炎时，肝脏不仅肿大，而且其表面黏附有大量黄白色或灰白色，呈絮状、片状或条块状的蛋白纤维膜，严重的纤维膜包裹了整个肝脏，导致见不到肝脏的实质，且蛋白纤维膜不易与肝脏剥离，这种肝炎称为肝周炎。此时，腹腔中可有积液和纤维素渗出物，甚至内脏发生粘连。同时，心脏往往发生纤维素性心包炎。这种病理变化常见于鸭传染性浆膜炎、败血型大肠杆菌病、鸭变形杆菌病、鹦鹉热等疾病。曾见到一肝周炎病鸭的肝脏上有一囊肿的现象（见左下图），原因不明。

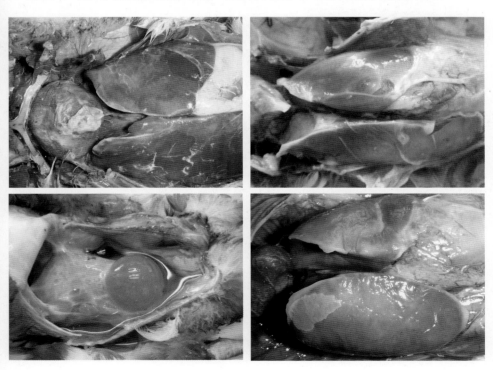

25. 肝脏肿大，并有圆形或不规则呈下陷状的白色坏死斑点

有资料报道，主要发生于鸡的组织滴虫病也能在鸭子上发生，引起坏死性肝炎，使肝脏出现比较特征性的病变，即肝脏肿胀，边缘钝圆，

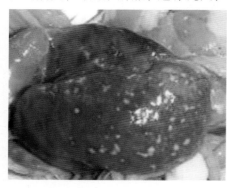

色泽不一，有数量不定、散在的、大小相近、圆形或不规则的、中央下陷的白色坏死灶。

26. 肝脏肿大，并有散在的灰白色坏死斑点

当禽呼肠孤病毒感染引起雏番鸭"花肝"病后，一些病鸭的肝脏上出现特征性的病变：肝脏上弥散着数量不定、病灶边缘不规则、呈斑点状的灰白色混浊坏死灶。

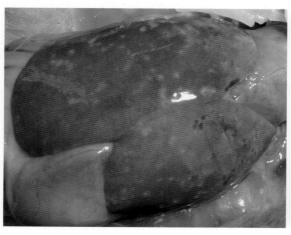

27. 肝脏肿大、坏死、质地变硬

一些疾病常引起肝脏坏死。发生禽沙门氏菌病的鸭子，其肿胀的肝边缘钝圆、质地变硬、切面外翻、色泽变化不一，但变性坏死的肝组织呈灰白色、混浊和凝固状，表现为肝上有数量不定、大小不等的灰白色坏死斑或坏死点。坏死斑点呈弥散性或连片状，严重的整个肝脏都变得灰白。肝脏坏死病变也常见于坏死性肠炎，偶见于鸭坦布苏病毒病等。

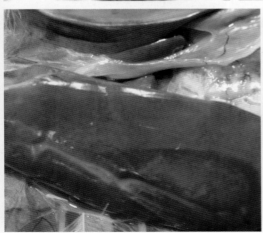 

28. 肝脏肿大，并有灰白色坏死点

在禽出败、禽沙门氏菌病、葡萄球菌病败血症、鹦鹉热、禽呼肠孤

病毒感染引起的雏番鸭"花肝"病或雏鸭脾坏死症病例中，肝脏常肿胀和坏死，表现为肝脏边缘钝圆、切面外翻，肝脏上有大量散在的、呈灰白色的凝固性坏死点，但不同的病例肝脏色泽不一。患禽出败的病鸭，肝脏除有坏死点外质地变得硬脆。

29. 肝脏肿大、质地变硬，呈不同程度的土黄色或有坏死与出血灶

这是鸭子发生黄曲霉毒素中毒后常常出现的一个特征性病变。黄曲霉毒素会破坏肝组织导致肝脏变性、坏死、肝细胞中胆汁渗出，从而使肝脏出现肿胀、质地变硬、色泽变黄或有紫红色出血灶。病程较长者，肝脏从变性发展到整个肝脏坏死，色泽变浅或呈泥土色。

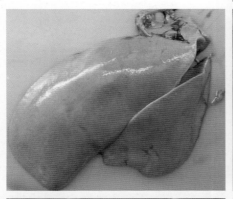

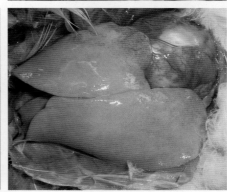

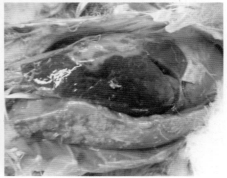

30. 肝脏上间有灰白色坏死与紫红色出血的斑点

这种肝炎可见于鸭瘟、禽沙门氏菌病、禽呼肠孤病毒感染引起的雏番鸭"花肝"病等病例中。发生鸭瘟的鸭子肝脏不肿大，但有大小不等的坏死灶，在一些坏死灶中间有小出血点，这是该病的一种特征性病变。患有"花肝"病的雏番鸭，肝脏可能肿胀，肝边缘钝圆，肝上有弥散性的大量红色或紫红色出血斑点与灰白色坏死斑点互相交织。

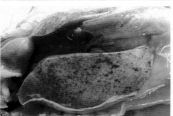

31. 雏番鸭肝脏褪色，并有花斑状出血灶或间有白色的坏死灶

由禽呼肠孤病毒感染引起发生雏番鸭"新肝"病时，一些病鸭的肝脏

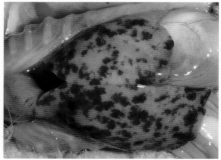

呈现出特征性的病变，肝脏常褪色，肝上有数量不定、呈花斑状的紫红色出血灶，间或有灰白色凝固性坏死斑点。

32. 雏鸭肝肿大、呈不同程度褪色或发黄，并有不同形状的出血灶

这种病变肝脏虽然总的变化是出现肿大、质脆、呈褪色或发黄趋势，但不同的病例病变差异较大，尤其是肝脏色泽和出血表现形式多样，褪

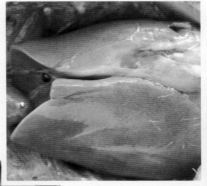

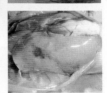

色发黄程度不一，呈紫红色或紫黑色的出血灶有大有小、有多有少、形状不一。这种肝脏病变可见于鸭病毒性肝炎、黄曲霉毒素中毒等。

[选自陈国宏、王永坤主编的《科学养鸭与疾病防治》(第二版)，中国农业出版社，2011年]

33. 雏鸭肝脏肿胀、变性，并有数量不等、形状不同的出血灶

在鸭病毒性肝炎、鸭坦布苏病毒病、禽沙门氏菌病、磺胺类药物中毒或呋喃类药物急性中毒等病例中，病鸭的肝脏肿大、变性、失去原有

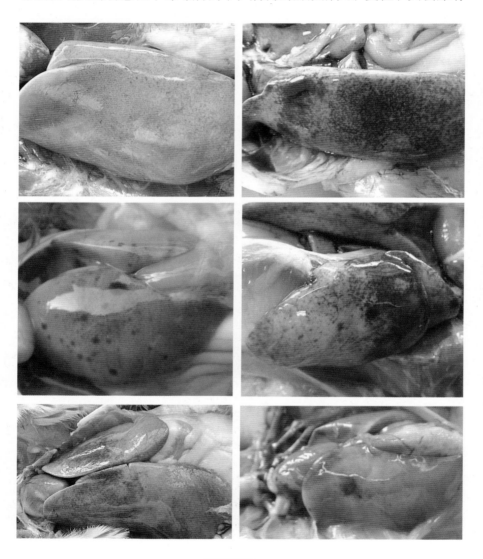

色泽，肝边缘钝圆，表面有斑块状、圆点状等不同形态的出血灶，有的禽沙门氏菌病例常呈条纹状；出血灶数量不定，多时呈连片状或不计其数，少的屈指可数。

34. 肝脏褪色，并有呈岛屿状的紫褐色斑

在临床诊治中曾发现有病死鸭的肝脏出现肿胀、褪色发白，表面有分开的、面积不等的、呈岛屿状的紫褐色斑；进行病原检测后在病肝中分离到大肠杆菌。

35. 肝脏上有一局灶性出血灶或血凝块

在鸭群实施胸部接种疫苗后不久，如出现个别或部分鸭子发病或死

亡，且剖检病死鸭发现其肝脏上有一个大小不定的紫红色出血灶或有一血凝块，则往往是因为实施胸部接种疫苗不当、接种疫苗的针头刺入肝脏所引起的。

36. 肝脏萎缩，或同时有出血病变

发生喹乙醇慢性中毒后，鸭子的肝脏会出现萎缩或同时有出血，肝脏体积明显比同龄鸭小，同时肝

脏上可出现数量不定的、呈深红色的出血病灶，肠管也变得细小。

37. 肝脏萎缩、硬化，并可出现肿瘤样结节

长期饲喂发霉变质饲料引起黄曲霉毒素慢性中毒时，病鸭的肝脏会出现严重病变，可见到肝脏体积缩小、纤维化、质地变硬，腹腔中可有积液。发病一年以上者，肝脏呈肿瘤样变，肝脏表面出现凹凸不平的结节状肿块（肿瘤）。

38. 肝脏上有凸起的、大小不一的白色肉样肿瘤结节

出现这种病变的肝脏，其边缘钝圆，表面凹凸不平，质地坚实，凸起的肿瘤似一个个大小不一的白色小丘分布在肝脏上，切开结节为肉样组织结构。肝脏上的肿瘤可同时出现在其他组织器官。这是一种肿瘤性疾病，已证实可由网状内皮增生症（一种迄今为止比较少见的鸭病）病毒感染引起，也可能是长期采食含有黄曲霉毒素的发霉饲料或其他原因所致。

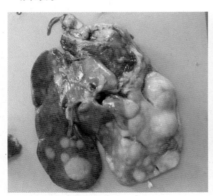 

39. 肝脏肿大，并弥散着大量大小基本一致、形状不规则的白色肉样肿瘤

这是一种鸭子肿瘤性疾病。有这种肿瘤病变的肝脏，边缘钝圆，质地坚实，表面与切面均布满了形态不规则、界限不清、呈弥散性、乳白

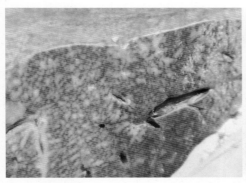

色的似肉样组织的肿瘤。切割这种肝脏时，手感为切肉样。引起该肿瘤性疾病的原因可能较复杂，有的认为是鸭子得了禽白血病（一种病毒性肿瘤病，自然感染主要发生于鸡）的结果。长期采食含有黄曲霉毒素的发霉饲料也可引起这种肿瘤性病变。

40. 肝脏上弥散着大量紫色的血囊（血管瘤）

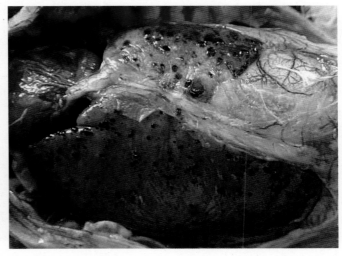

这是一种肿瘤性疾病。肝脏出现这种病变时，可见其上有一个个紫色的血疱，有的病例血疱大小基本一致，有的则有大有小。引发该种肿瘤的原因可能较复杂，有的认为是鸭子得了禽白血病（一种病毒性肿瘤病，自然感染主要发生于鸡）的结果。长期采食含有黄曲霉毒素的发霉饲料也可引起这种肿瘤性病变。

41. 肝包膜下有积液，并可在表面形成囊包

由陈国宏、王永坤主编的中国农业出版社出版的《科学养鸭与疾病防治》（第二版）一书中记载，发生维生素 E- 硒缺乏症的鸭子，有的病例的肝脏出现比较特殊的变化，即肝脏包膜下有液体积聚，形成囊肿或致包膜破裂，包膜可肌化、呈乳白色，腹腔中有血凝块，肝脏褪色。

42. 肝脏中有囊肿

在临床诊治中，偶尔发现病鸭肝脏实质中有界限非常清晰的占位性囊肿，这些囊肿往往呈透明状，囊内有液体，大小不一，挤占肝脏实质。目前，引起这种病变的原因还不明确，但一般认为是一种良性病变，不会引起死亡。

43. 肝脏上有粟粒状坚硬的结核结节

这是一种结核病的病变。鸭子发生禽结核病的极为少见。发病者，

其肝脏肿大，肝上的结核结节呈不规则分布，灰黄色或灰白色，质地坚硬；结节与肝组织界限明显；结节数量不一，从很少到数不清；大小也不等，从刚能够辨认出结构到直径数厘米大小的巨大肿块，大的结节常有不规则的肿瘤样轮廓，在其表面常有较小的颗粒。切开这些结节后，在切面上可见到不同数量的黄色小病灶或有一个干酪样的黄色中心区，有的呈钙化状。需注意细小结核病变与肝坏死点的鉴别。如果发现了结核病，应及时淘汰、无害化处理病鸭、彻底清场消毒。

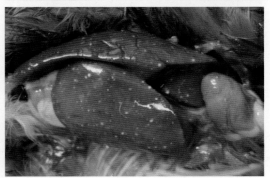

44. 肝脏门静脉或（和）肠系膜静脉中有细小线状的寄生虫

发生鸭毛毕吸虫病（主要几种吸虫病之一）时，可在病鸭的肝脏门静脉或（和）肠系膜静脉中找到长有数毫米不等、宽不到 1 毫米呈线状的肉色寄生虫。感染严重时，这种虫体可同时在胰、肾、肠壁和肺中发现。

45. 肝脏胆管内有叶片状或线状的乳白色寄生虫

剖检具有机体消瘦等变化的病鸭时，若发现肝脏胆管中有长为 1~20 余毫米、宽约 1 毫米、呈叶片状或线状的乳白色寄生虫，则该鸭子可能感染了后睾吸虫病，这是鸭子主要几种吸虫病中的一种。寄生在胆管内的后睾吸虫数量不一，多的可达数百条。有的病例虫体可充满胆管。

46. 胆囊肿大、充满胆汁

发病鸭的胆囊呈不同程度的肿大，充满胆汁、显得非常饱满，胆汁呈褐色、淡茶色或淡绿色。这种病变常见于鸭病毒性肝炎、番鸭细小病毒病、小鹅瘟、番鸭副黏病毒病、禽呼肠孤病毒感染、鸭发生鸡白痢和黄曲霉毒素中毒等多种病例，也见于后睾吸虫病（主要几种吸虫病之一）、痢菌净中毒等疾病。因此，诊断疾病时应细致检查其他异常表现。

47. 胰腺肿胀，并有灰白色或褐色坏死灶

发生禽流感、番鸭细小病毒病、番鸭副黏病毒病、鸭坦布苏病毒病

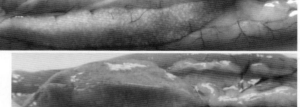

等病时，剖检病死鸭可见胰腺肿胀坏死、体积增大。病变胰腺组织上可见数量不定、大小不等、呈弥散性或连片的灰白色或褐色、凝固状的坏死灶；坏死灶有的为斑块状，有的呈点状。发生点状坏死的，往往数量很多，密布在整个胰腺上。

在番鸭细小病毒病的病例中，坏死点常呈针尖状。有的病例，坏死的胰腺同时整个充血发红（如上两图）。有的病例，褐色坏死灶液化下陷，病灶中心呈白色凝固状（如下两图）。

48. 胰腺肿胀，并有紫红色出血斑点或同时有坏死病灶

肿胀的胰腺上有数量不定、呈弥散性的深红色或紫红色出血斑点。出血斑点多时，可布满整个胰腺。并发坏死时，胰腺上还有灰白色、凝固状的斑点。胰腺的这种病变可见于禽流感、鸭坦布苏病毒病、禽呼肠孤病毒感染引起的雏番鸭"花肝"病和雏番鸭"新肝"病、禽出败等。黄曲霉毒素中毒病鸭的胰腺也会有出血斑点。

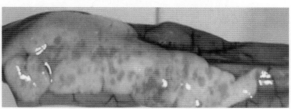

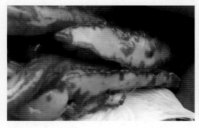

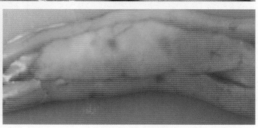

49. 腺胃黏膜上有细小点状或豆粒大的灰白色干酪样结节

发生家禽念珠菌病的有些病鸭，可出现特征性的病变，其腺胃黏膜发生坏死增厚，并出现大量散在的、灰白色、细小点状或豆粒大的干酪样坏死结节（假膜）。

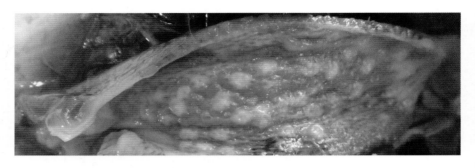

50. 腺胃黏膜出血或伴有肿胀

在禽流感、番鸭副黏病毒病、痢菌净中毒、磺胺类药物中毒、喹乙醇中毒或黄曲霉毒素中毒等病例中，病鸭的腺胃黏膜常发生出血或伴有

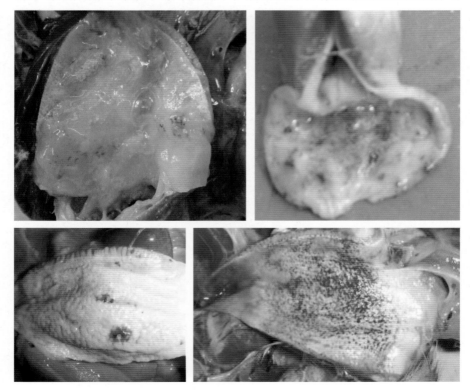

肿胀，可见其上有数量不定、大小不等的红色或紫红色斑点，同时黏膜表面可有大量黏液。出血点多时，可密布整个腺胃黏膜。在禽流感病例中，有的腺胃黏膜还可出现灰白色的坏死病变。

51. 腺胃黏膜上有大量糊状物（黏膜脱落）或同时出血

当发生坏死性肠炎、有机磷中毒或呋喃类药物急性中毒时，鸭的腺胃黏膜会大量脱落，在胃表面形成白色的糊状物，有时黏膜出血。

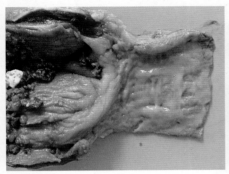
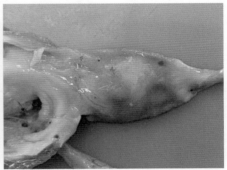

52. 腺胃和肌胃发炎，内容物腐败变质或同时呈黑色

患了坏死性肠炎的病鸭，其腺胃和肌胃中的内容物发生腐败变质，可出现难闻的气味，有的腐败变质的内容物色泽变得乌黑；腺胃黏膜可发炎、变性或坏死。

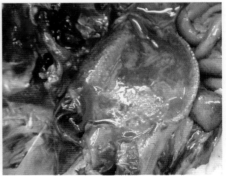

53. 胃内有麻线、铁钉等异物

放养鸭在觅食过程中或鸭子出现异食癖的情况下，常常误食麻线、铁钉、小木条、橡胶制品、塑料和生石

灰等异物。误食后麻线等异物吸水膨胀，堵塞消化道，可引起消化紊乱、粪便难以排出等。若误食物坚硬，则可刺穿胃壁，导致出血甚至急性死亡。

54. 胃肠道黏膜充血、出血、脱落，胃内有大蒜样气味

发生食入性有机磷中毒时，剖解胃肠道可见到其黏膜发生炎症，表现为黏膜充血或（和）弥漫性出血而呈现红色；有的黏膜脱落，粘在消化道表面或内容物上形成灰白色糊状物，混有血液时呈现红色；胃内有大蒜样气味。

55. 肠道浆膜和黏膜面均有弥散性颗粒状黄白色坏死点

这种病变常在两种疾病中见到。在由禽呼肠孤病毒引起的雏番鸭"花肝"病的病例中，可见

（选自陈国宏、王永坤主编的《科学养鸭与疾病防治》（第二版），中国农业出版社，2011 年）

从十二指肠到直肠的肠浆膜面上弥散着大量细小的黄白色坏死点。剖开肠道，可见突出于肠黏膜表面的、数量与浆膜面坏死点相应的局灶性糠麸样坏死颗粒结节。这种病变也见于一些禽沙门氏菌病中。

〔选自陈国宏、王永坤主编的《科学养鸭与疾病防治》（第二版），中国农业出版社，2011 年〕

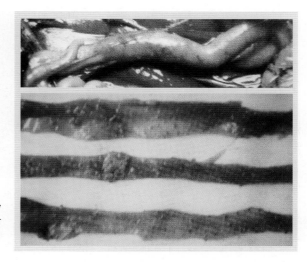

56. 肠道臌气，极度肿胀，黏膜坏死，呈灰褐色或暗紫色外观

患有坏死性肠炎的病鸭，因肠道内容物发生腐败产气，使肠道臌气，

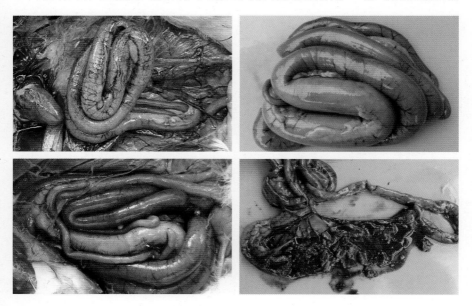

肠道外观高度膨胀，呈灰褐色或紫黑色。剖开肠道，可见肠内容物腐败变质常呈乌黑色，气味难闻；肠黏膜坏死，黏膜上可附有黄褐色干酪样坏死物质。

57. 肠道变粗并呈腊肠样，肠腔内有灰白或灰黄色、固体状的圆柱形栓子（肠芯）

发生番鸭细小病毒病或小鹅瘟的病鸭，其肠道特别是小肠道可出现特征性的病理变化，即肠腔内有灰白色或淡黄色、固体状、圆柱形的干

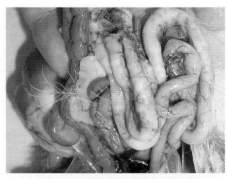 

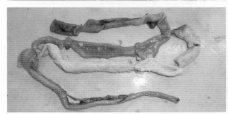 

酪样栓子，这是由纤维素性炎症渗出物、肠内容物和坏死脱落的黏膜凝结形成的，有的脱落的肠黏膜附着在栓子上；外观肠道膨大，手感结实，似一根灰色或白色的腊肠。

58. 肠道浆膜呈暗紫色

各种未放血病死鸭通常有这种病变，原因是死亡后血液缺氧，红细胞中含氧血红蛋白减少或缺乏，肠壁包括全身的血管中血液均变为暗红色。因此，病鸭肠道及其他组织如肌肉、皮肤

等均呈暗紫色。某些疾病可导致肠道淤血，从而使肠壁发紫。

59. 肠管变细、质地硬实

发生喹乙醇等药物中毒的鸭子，肠道出现萎缩变化，与同龄的鸭子相比，肠管显著变得细小，手感质地硬实，同时肝脏也明显萎缩，有的肠道还出现出血病灶。这种肠道变化也常见于发育不良的僵鸭。

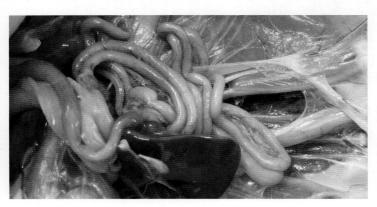

60. 肠道内有形状各异的寄生虫，肠黏膜发炎

剖检病鸭时，发现肠道发炎，肠内容物中含有大量黏液，肠内有各种不同体长和形态特征的寄生虫如棘头虫（呈纺锤形，长有 10 毫米以上，其吻突常钻入肠黏膜）、棘口吸虫、杯叶吸虫或一些线虫等时，表明病鸭得了相应的寄生虫病，有的病例中虫体寄生部位的肠壁还呈局灶性出血、溃疡。〔右上图为东方杯叶吸虫，其形态为白色卵圆形细点状，大小为（1.02~1.99）毫米 ×（0.90~1.52）毫米；右下图为卷棘口吸虫（一种棘口吸虫），其形状为红色扁条状，大小为（7.60~12.60）毫

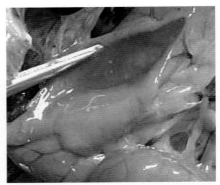

[选自陈国宏、王永坤主编的《科学养鸭与疾病防治》（第二版），中国农业出版社，2011 年]

米 ×（1.26~1.60）毫米；左图为一种线虫，其形状为细长、呈乳白色的圆柱形或线状，长为数厘米或更长，寄生数量多时，可充满整个肠管，虫体互相缠绕，引起鸭子消瘦甚至死亡，可用左旋咪唑、伊维菌素等治疗〕。

61. 肠道内有大量血液或紫红色糊状物（出血与黏膜脱落）

发生禽流感、禽出败等病的

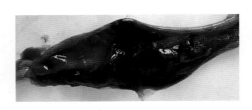

鸭子，肠道黏膜可发生出血病变，严重的外观肠道发紫、发黑。剪开肠道，可见内有大量血液或凝血块，整个肠道黏膜呈紫红色；有的血液混合着脱落的黏膜，形成紫红色的糊状物。

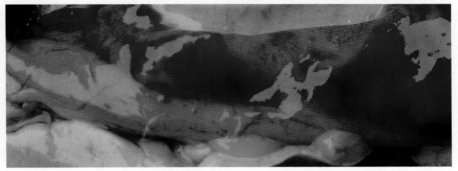

62. 肠黏膜有不同性状的紫红色出血斑点

发生鸭瘟、禽出败、磺胺类药物中毒、喹乙醇中毒、有机磷中毒等病时，常见到病鸭肠黏膜发生出血性炎症，表现为肠壁黏膜上黏液增多，有数量不定、大小不等、散在的或成片的紫红色出血斑点，严重的不仅有大量出血斑点，而且肠内容物呈红色。

63. 雏番鸭肠道黏膜有凸起或下陷的紫黑色溃疡灶（溃疡性出血）

得了禽流感或番鸭副黏病毒病的雏番鸭，其肠道黏膜可发生溃疡性出血的病变，在肠黏膜上出现数量不定、大小不等、呈点状或斑块状的紫黑色溃疡灶，这些病灶有的凸起，有的下陷。

［选自陈国宏、王永坤主编的《科学养鸭与疾病防治》（第二版），中国农业出版社，2011 年］

64. 肠道内有白色带状绦虫

剖检病鸭时，若发现肠道内有乳白色呈节片带子状的虫体，则表明鸭子有绦虫寄生。寄生的虫体数量有多有少，少的一条，多的可达数十条。

虫体也有大有小，这是因为绦虫种类很多，不同种类虫体大小不同，大的可长达 40 厘米左右，如片型皱褶绦虫；小的仅为数厘米，如巨头膜壳绦虫。要辨别具体为何种绦虫，则应在实验室对虫体进行形态和结构鉴定。有绦虫寄生的肠道，其黏膜同时发生炎症。

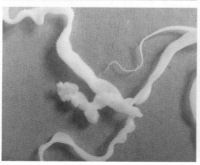

65. 肠道有戒指样环状紫红色出血灶

在禽流感、鸭瘟或番鸭副黏病毒病的一些病鸭中，常可见到肠道的某一段整圈出血，外观这段肠道整圈呈紫红色并肿胀，与非出血区的界限比较明显和整齐，出血灶似一枚戒指。剪开肠道，可见该部位的黏膜有相应的出血性坏死灶，有的出现溃疡。

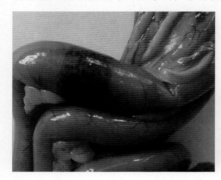
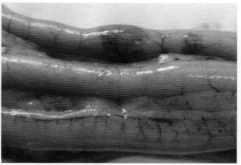

66. 小肠或臌气或肠壁水肿增厚或内有大量浆糊状物（黏膜脱落）

小肠道感染一些寄生虫如杯叶吸虫或棘口吸虫（主要几种吸虫病之一）等时，会引起肠黏膜发生卡他性炎症，黏液大量渗出，严重的肠壁水肿增厚呈半透明状，黏膜脱落，肠臌气或肠腔内充满浆糊状物。这种炎症也可于见普通肠炎。

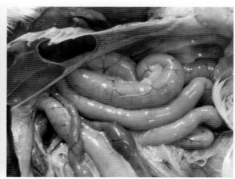

67. 小肠外观呈紫色斑驳状，黏膜严重出血、发炎、增厚或坏死

这是一种严重的出血性肠炎，发生球虫病时，小肠就有这种病变。剪开肠壁，可见黏膜上有红色或紫红色出血斑点，出血斑点呈弥散性或连片状，肠黏膜上或者覆盖一层奶酪样黏液，或者是红色胶冻样黏液，

出血严重时，肠管外观发紫、变粗，整个肠道呈深浅不一的紫色斑驳状，肠管内积有血液；肠黏膜发炎、变性、坏死、增厚粗糙呈糠麸样。

68. 小肠黏膜增厚、出血或有黏膜脱落

发生小肠球虫病时，小肠黏膜发炎、显著增厚、出血或伴有脱落，肠内容物呈血红色乳糜样或含有大量血块。

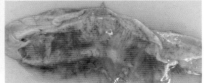

69. 小肠黏膜有散在的黄豆大小、纽扣状坏死溃疡灶

发生番鸭副黏病毒病的病鸭，其小肠出现特征性的病变：黏膜上可见散在黄豆大小纽扣状溃疡灶，表面有纤维素性凝固物附着，中心发黑，易剥离，剥离后病变部可见出血和溃疡瘢痕。

70. 小肠臌气，肠壁上有白色小点

有的球虫病病例可出现小肠肠管臌气变粗，肠管壁上可见一个个散在的白色小斑点，数量不定，但大小基本一致，这是寄生于小肠壁上的球虫引起坏死的现象。

71. 小肠（十二指肠）出血发紫

此病变在许多疾病中均可见。发生急性禽出败、鸭瘟、禽流感、败

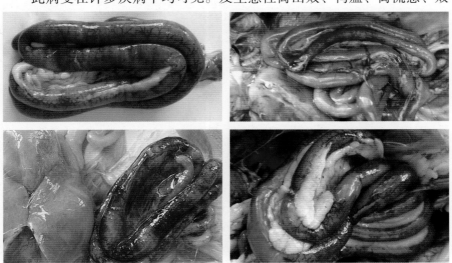

血型大肠杆菌病、禽呼肠孤病毒感染引起的雏番鸭"新肝"病等病时，小肠（十二指肠）严重出血，外观肠道呈现各种变化的紫红色，在浆膜面就可见到紫红色出血灶。剪开肠壁，可见肠黏膜有严重出血病变，呈紫红色或紫黑色，肠管内可积有血液。发生番鸭细小病毒病的病例，肠道黏膜或有充血和斑点状出血。发生禽副伤寒的病例，也有出血性肠炎病变。

72. 盲肠黏膜发炎增厚、出血呈紫黑色，内有红色液体

发生盲肠球虫病的鸭子可出现出血性盲肠炎，具体表现为盲肠肿胀，

盲肠黏膜上有大量红色或紫红色出血灶，出血严重时整个盲肠呈紫黑色并肿胀，黏膜增厚并粗糙，肠管内积有血液。

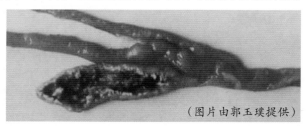

（图片由郭玉璞提供）

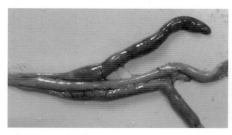

73. 盲肠变粗，肠壁上有紫红色斑点，肠内有栓子

在鸭子发生一些禽副伤寒、鸡白痢等禽沙门氏菌病的病例中，盲肠常可发生炎症出血，外观可见盲肠壁上有弥散性的紫红色斑点，盲肠肿

胀变粗，肠黏膜出血坏死，肠道内可见由炎症渗出物等形成的混有血液的干酪样栓子。

74. 盲肠变粗，内有黄白色栓子，形似香蕉

发生禽副伤寒、鸡白痢等禽沙门氏菌病时，有的病鸭的盲肠变粗，肠道内可见由炎症渗出物等形成的黄白色干酪样栓子，外观盲肠似两根成熟的香蕉。

75. 盲肠变粗，肠壁上有颗粒状黄白色坏死点

在禽呼肠孤病毒感染引起的雏番鸭"花肝"病和一些禽沙门氏菌病的病例中，病鸭盲肠壁发生坏死性炎症，在盲肠浆膜面就可见到有弥散性的颗粒状

灰白（黄）色坏死点，盲肠肿胀变粗。剪开肠腔，可见肠黏膜坏死增厚，有大量黄白色干酪样坏死点。

76. 盲肠变粗，浆膜和黏膜上有灰黄色干酪样物，或同时伴有出血发紫及肠壁增厚

有资料报道，主要发生于鸡的组织滴虫病也能在鸭子中感染发生，引起鸭子盲肠发炎，使其盲肠浆膜和黏膜发生干酪样坏死，在浆膜和黏膜面产生灰黄色、突出于表面的干酪样坏死物，或同时伴有紫红色出血灶，严重的在肠腔内形成干酪样栓子，整个盲肠肿胀，肠壁增厚。

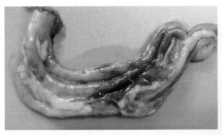

77. 直肠黏膜呈红色或（和）有紫红色斑点（充血、出血）

在一些禽流感、鸭瘟、大肠杆菌病、禽出败或球虫病等病例中，病鸭直肠黏膜发生充血或（和）出血等炎症变化，黏液增多，黏膜增厚。因疾病和病程不同，病

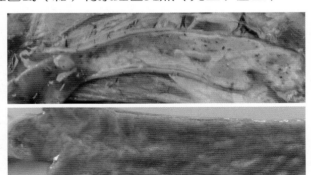

变程度有差异，有的肠黏膜呈红色的乳糜样，有的存在数量不定、散在的紫红色出血斑点，严重的肠内容物呈红色。

78. 发病蛋鸭泄殖腔发炎、鼓胀呈气球状

临床诊断工作中曾发现有的产蛋鸭泄殖腔发生炎症后，出现肿胀、膨大，泄殖腔变成了一个犹如吹满了气体的气球。这种特殊性病变可能是泄殖腔感染大肠杆菌的结果。在剖检鸭坦布苏病毒病的有些病例中也发现有此病变。（图中鼓胀的泄殖腔边有一个畸形蛋，这个蛋的形成可能是卵子成熟后未进入输卵管而掉落在腹腔中的结果）。

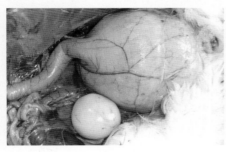

79. 泄殖腔黏膜肿胀、出血，呈红色或紫色

有些疾病常有此病变。发生鸭瘟时，常见病鸭的泄殖腔黏膜出血，严

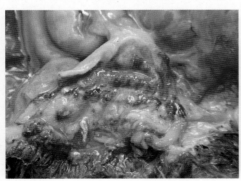

重的整个泄殖腔黏膜呈紫红色，并可见血液或血凝块；肿胀严重者黏膜外翻。禽流感病鸭出血也较严重，有的禽霍乱病例亦可有此病变。

80. 泄殖腔黏膜有灰褐色或黄绿色的结痂或假膜

翻开病鸭肛门时，见到泄殖腔黏膜表面覆盖有一层灰褐色或黄绿色的坏死结痂或假膜，这是由黏膜坏死组织、炎症分泌物等形成的一层物质，粘着牢固，不易剥离，同时黏膜可出血。这是鸭瘟的特征性病变之一。在一些大肠杆菌病等病中也可见到此病变。

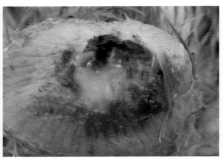

81. 泄殖腔黏膜上有结节状糠麸样坏死灶或连片的糠麸样假膜

发生了鸭瘟的鸭子，常有泄殖腔黏膜发生坏死的变化或（并）有出血灶，因其病程不同或个体差异，坏死程度也不一样。病变较轻的，泄殖腔黏膜上有散在的、呈局灶性的结节状坏死灶，病灶往往突起，表面黏附着与坏死组织碎片混合的肠道内容物；病变严重的，坏死灶融合使大片坏死黏膜变成厚厚的灰白色或灰黄褐色糠麸样假膜（坏死结痂），粘着很牢固。

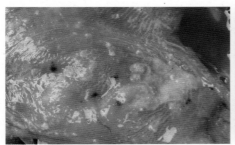

（五）呼吸系统异常及其相应的疾病

1. 张口呼吸

这是呼吸困难的表现。许多疾病均有此症状，如禽流感、鸭瘟、番鸭细小病毒病、小鹅瘟、

番鸭副黏病毒病、禽霍乱、鸭变形杆菌病、雏鸭禽沙门氏菌病、禽曲霉菌病、水禽传染性窦炎、家禽念珠菌病、住白细胞原虫病、舟状嗜气管吸虫病或后睾吸虫病（主要几种吸虫病之一）、有机磷中毒、中暑等。发生严重禽曲霉菌病、家禽念珠菌病和舟状嗜气管吸虫病等病时，病鸭出现伸颈张口呼吸的现象。因此，诊断疾病时应详细检查其他异常表现。

2. 咳嗽

这是呼吸道疾病常见的一种症状，如发生禽流感、普通感冒、禽曲霉菌病、水禽传染性窦炎、番鸭副黏病毒病、鸭变形杆菌病、舟状嗜气管吸虫病（主要几种吸虫病之一）等病时常有咳嗽表现，发生鸭瘟时部分病鸭也咳嗽不断。但因疾病种类和严重程度不一，咳嗽的轻重也不一样，因此诊断时应细致检查其他异常变化。

3. 打喷嚏

这种症状常常见于一些出现上呼吸道或眶下窦发生炎症的疾病，如水禽传染性窦炎、鸭变形杆菌病、普通感冒等，因炎症渗出物存在并刺激呼吸道而引起，病鸭试图通过打喷嚏排出上呼吸道中的渗出物以解除呼吸障碍带来的痛苦感，这是机体产生的一种自我保护反应。

4. 喉头、气管黏膜发炎、出血，并积有血色泡沫状黏液

发生鸭变形杆菌病的鸭子，剖检其喉头、气管时，可见到严重的黏膜炎症，黏膜出血，并有大量黏液渗出，在喉头、气管内形成大量粉红色到紫红色不等的、呈泡沫状的黏液，量大时可充满整个气管。

5. 气管内有舟状嗜气管吸虫

若剖检病死鸭时，剪开气管发现黏膜上附有数量不定、暗红色或粉红色、背腹扁平、两端钝圆呈椭圆形的虫体，虫体长 6~12 毫米、宽 2~5 毫米，则表明鸭得了舟状嗜气管吸虫病（主要几种吸虫病之一）。

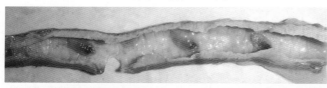

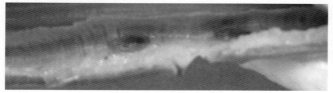

6. 气管出血

在发生禽流感或禽巴氏杆菌病的病例中，常见病鸭气管出血，外观气管有面积大小不一、呈弥散性或连片的红色或紫红色出血病灶；有的病例气管内同时有浆液性到干酪样的渗出物。

7. 气囊或同时在胸壁上有数量不一的紫红色出血斑点

发生禽巴氏杆菌病或禽流感的病例常有此病变，尤其是患有急性败血性禽巴氏杆菌病的鸭子，可见其全身出血病变，在胸腹腔气囊或胸壁上可有数量不定、形状不一、呈红色或紫红色的出血斑点。

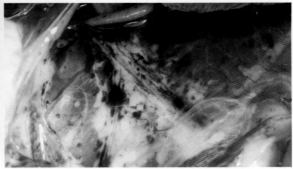

8. 气囊上附着大量白色泡沫样渗出物

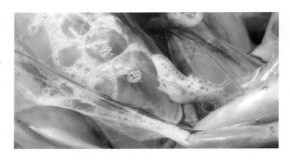

这是气囊炎的初期病变。患有水禽传染性窦炎的病鸭，气囊发生炎症早期，有大量呈白色泡沫状的炎性物质渗出。

9. 气囊发炎混浊、粗糙，并可有不同性状的纤维素渗出物（气囊炎）

在鸭传染性浆膜炎、大肠杆菌病败血症、水禽传染性窦炎、鸭变形

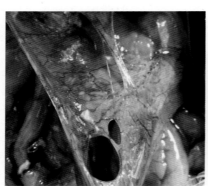
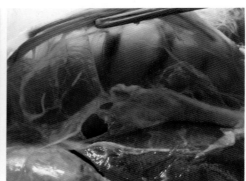
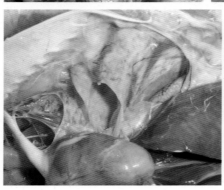

杆菌病或鹦鹉热等病例中，常发生严重的气囊炎，表现为气囊膜增厚、粗糙、混浊，呈云雾状，渗出的纤维素呈淡黄色或黄白色、片状或絮状黏附在气囊膜上或气囊腔中，甚至造成气囊与胸腹壁粘连。

10. 气囊等组织器官上附着一层石灰样物质（尿酸盐）

患有痛风的部分鸭子，可见到其气囊及心脏、肝脏等脏器表面上沉积着大量的白色尿酸盐，像一层石灰不均匀地撒在上面。引起痛风的原因有多种，如维生素A严重缺乏、过多饲喂含蛋白质高的饲料、饲喂高钙饲料、不合理使用

磺胺类药物和氨基糖甙类抗生素等。

11. 气囊或（和）肺等部位有黄白色结节或灰色霉菌斑点

发生禽曲霉菌病的鸭子，在气囊或（和）肺脏等其他部位上出现数量不一的粟粒大至黄豆大的黄白色或灰白色结节，切开结节见有层次的结构，中心为干酪样坏死组织，内含大量菌丝体，外层为类似肉芽组织。有的还未

形成结节，是一个个呈灰色或白色的大小不等的霉菌斑。长期使用抗生素引起菌群失调也会导致霉菌生长。

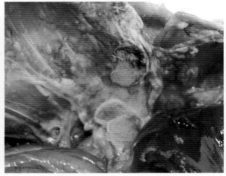

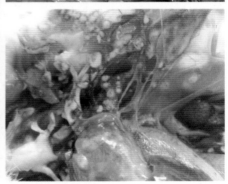

12. 胸腔壁上有黄色胶冻样浸润

参见本书第 137 页"（十）其他异常表现和发病（流行）特点及其相应的疾病"中的"10"条目。

13. 支气管内积有黄色脓性黏液

患有鸭变形杆菌病的有些鸭子，呼吸道常发生出血变化，支气管等有弥散性出血病灶，严重的整个器官呈红色或紫红色，沿支气管剖开肺脏，常可见内积有多量黄色脓性的黏液。

14. 肺出现性状不一的充血、出血或渗出等炎症

　　这种肺炎病变是一些疾病的常见表现。因疾病和病程的不同，病变的程度各有不同，所以病肺表现出多种变化。肺脏或肿胀，色泽深浅不一，肺上红色或紫红色的出血斑点数量不定、大小也不一，严重的整个肺呈深紫色，胸腔中可能有渗出液。发生禽流感、禽霍乱、禽沙门氏菌病、禽呼肠孤病毒感染引起的雏番鸭"花肝"病或雏鸭脾坏死症、鸭变形杆菌病等病时，病鸭都可出现这种肺炎。因此，诊断疾病时应详细检查其他异常表现。

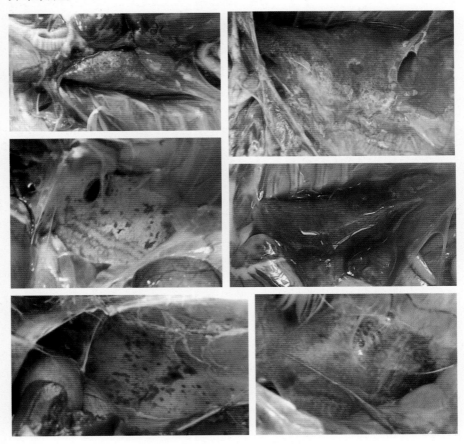

15. 肺发炎、渗出，胸腔积液

有些疾病如禽流感、禽呼肠孤病毒感染引起的雏番鸭"新肝"病、中暑等可引起肺脏发炎，液体大量渗出，导致渗出液积聚，胸腔中可见大量液体，同时肺可能有出血变化等。

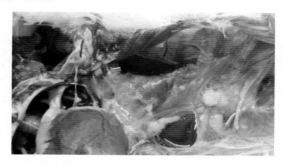

16. 肺发炎，并黏附着大量渗出的灰白或灰黄色纤维素或与胸壁粘连

一些患有大肠杆菌病、鸭传染性浆膜炎的病鸭，因肺脏发生纤维素性炎症，大量灰白色或灰黄色呈丝状或片块状的纤维素渗出，并黏附在肺的表面和胸腔中，导致病程较长的发生胸肺粘连，病程更长的纤维素

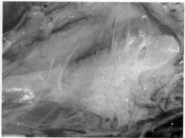

发生结缔组织化；鸭传染性浆膜炎病鸭有的病肺呈化脓性肺炎。

17. 肺部有白色肉样肿瘤

出现肿瘤样病变的肺部，肺上可见有大量白色肿瘤样结节，严重的整个肺被肿瘤组织所取代，此时整个肺成为一个白色的肉样组织器官，质地也像肉样。引起这种肺部肿瘤的原因还不

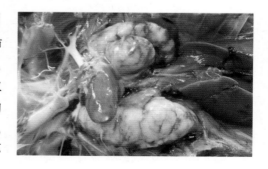

清，有的认为，这种肿瘤是鸭子得了禽白血病（这是一种病毒性肿瘤病，主要发生于鸡）的结果。

（六）心血管系统异常及其相应的疾病

1. 心包上附着一层石灰样物质（尿酸盐）

鸭子发生痛风时，大量白色的尿酸盐可沉积在胸腔、腹腔中心包、肝脏等内脏和气囊的表面，像一层石灰不均匀地撒在气囊和各脏器的表面，稍轻的像薄薄地撒了一层白粉，严重的地方则为一层厚厚的白膜。引起痛风的原因有多种，如维生素 A 严重缺乏、过多饲喂含蛋白质高的饲料或高钙饲料、不合理使用磺胺类药物和氨基糖甙类抗生素等。

2. 心包膜和气囊上有灰黄色结节或灰色霉菌斑点

发生禽曲霉菌病的鸭子，在心包膜和气囊等脏器上可出现粟粒大至黄豆大的黄白色或灰白色结节，切开结节见有层次的结构，中心为干酪样坏死组织，内

含大量菌丝体，外层为类似肉芽组织。有的还未形成结节，是一个个呈灰色的霉菌斑点。长期使用抗生素引起菌群失调也会导致霉菌生长。

3. 心包发炎、增厚，附着形态各异的纤维素性渗出物（纤维素性心包炎）

这是纤维素性心包炎的变化，表现为心包发炎，心包增厚、粗糙，心包膜和心脏表面上黏附有絮状、片状或条块状的黄白色纤维素膜，心包可能有积液或心包膜与心脏发生粘连。同时，肝脏往往出现肝周炎病变。这种病变常见于鸭传染性浆

膜炎、败血型大肠杆菌病、鸭变形杆菌病或鹦鹉热等疾病。

4. 心包鼓胀、紧绷，心包内充满血液

在临床诊治病例中，曾见到心脏有这种病变：外观包裹心脏的整个心包呈紫红色，并鼓胀、紧绷；剖开心包，可见包内充满带血液体或大量血凝块。

这是一种比较少见的病变，可能是鸭感染发生了链球菌病的结果，临床上链球菌感染鸭子的病例很少见，主要发生于鸡，确诊应进行细菌学检验。

5. 心包积液

心包中积聚大量淡黄色、清朗的液体，是心包发炎初期的一种病变，也可能是血液循环或代谢障碍导致的结果。这种病变可见于急性巴氏杆菌病、败血型大肠杆菌病、慢性黄曲霉毒素中毒、磺胺类药物中毒、喹乙醇中毒、食盐中毒等疾病。

6. 心包积液、心脏出血

在禽呼肠孤病毒感染引起的雏番鸭"新肝"病的一些病例中，除

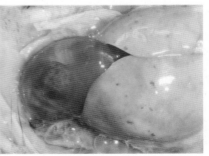

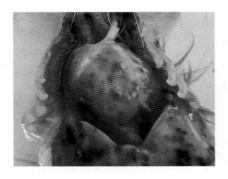

肝脏上有特征性出血或坏死灶外，病鸭心包中可有多量透明的积液，同时心脏上有数量不定、呈红色或紫红色的出血斑点。此病变也见于急性禽巴氏杆菌病和部分大肠杆菌败血症病例等。

7. 心脏上有形状不一的灰白色坏死灶

一些疾病常引起心脏坏死，发生坏死部分的心肌呈混浊灰白色，似煮过的肉；坏死灶面积大小不一、数量不定、形状各异，呈弥散性或成片状。在高致病性禽流感、维生素 E 或（和）硒缺乏症等病例中，常可见到这种病变。发生鸭坦布苏病毒病的一些病鸭也可有此病变。

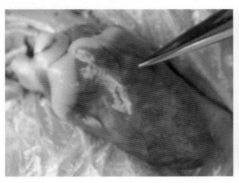
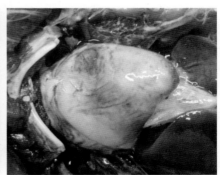

8. 心脏上有灰白色条纹状坏死灶

此病变常见于两种疾病。这是禽流感的一个特征性病变。剖检一些病例时，可见心脏上发生坏死部分的心肌常呈条索状或漆刷状，色

泽灰白、混浊，似煮过的肉一样；有的呈典型的虎斑心。发生维生素 E 或（和）硒缺乏症时，心脏也常有这种变化。

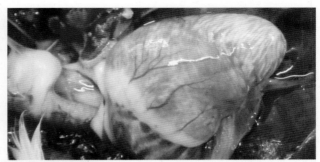

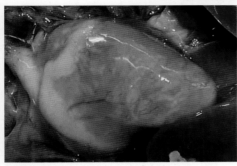 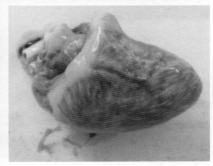

9. 心脏上有灰白色坏死灶，并有出血

在一些禽流感的病例中，心肌坏死与出血同时发生，坏死部分心肌呈条纹状或斑点状，灰白色，似煮过的肉，出血部分呈紫红色，心脏外表出现红白相间的变化。

10. 心脏上有灰白色坏死灶，并有胶冻样渗出物

在剖检禽流感病例时，偶尔可见个别病例的心脏不仅出现条纹状的坏死灶，同时还发现炎性渗出，渗出物呈胶冻样附着在心脏表面心外膜下。

11. 心脏上有形态各异的出血病灶（心外膜出血）

许多疾病常引起心脏出血，由于疾病和病程不同，出血程度和性状也各异，表现形式多样。出血病灶可出现于心脏各部位。出血灶从红色到紫红色，数量多少不定，形态不一，呈点状、斑块状、条状或弥漫性等。心脏出血这种病变常见于禽流感、急性禽巴氏杆菌病、败血型大肠杆菌

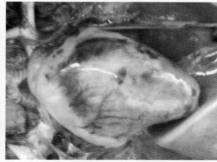

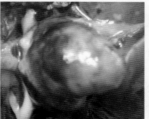

病、鸭瘟、禽呼肠孤病毒感染引起的雏番鸭"新肝"病、痢菌净中毒、喹乙醇中毒、食盐中毒和一些中暑等；磺胺类药物中毒，出血常呈漆刷状。

12. 心室扩张（肥大）、心室壁变薄

发生食盐中毒、呋喃类药物（痢特灵）中毒时，病鸭的心脏功能受到严重影响，表现为心脏的心室显著扩张，左心室或（和）右心室壁变薄，使心功能衰竭，引起腹水等变化。剖检

时，可见心室部位的心肌柔软，心室壁薄、塌陷，心室腔变大。发生维生素 B_1 缺乏时，可见病鸭心肌萎缩，右侧心腔扩张松弛。

13. 心内膜（心肌）上有紫红色出血斑点

在发生急性败血型禽流感的部分病例中，纵向剖开心脏可见到心内膜上有数量不定、大小不等、形状不规则的紫红色出血灶。

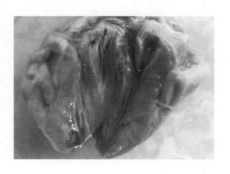

（七）泌尿系统异常及其相应的疾病

1. 肾脏变性褪色或坏死、有明显的出血灶，并多数肿胀

由禽呼肠孤病毒感染引起雏番鸭"新肝"病、雏番鸭"花肝"病、雏鸭脾坏死症时，肾脏出现比较典型的病变，即肾脏往往因变性褪色变得苍白，并发生出血，出血灶有的呈斑点状，有的不规则，有的呈弥散性，

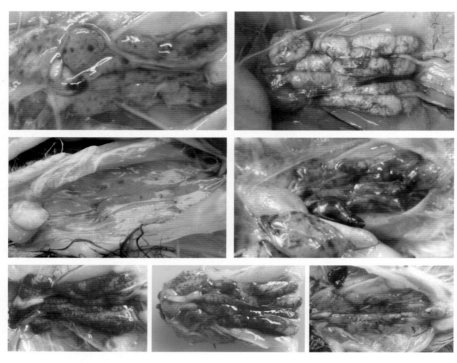

数量不定，在苍白的背景下显得更加突出，使肾脏呈现出红白相间的斑驳状；同时，多数病例肾脏明显肿胀、边缘钝圆，严重的肾小叶似鹅卵石样肿起。

2. 肾脏呈现不同性状的充血或（和）出血，并常肿胀

许多疾病出现的病变中，常有肾脏充血、出血的表现，但因充血、出血严重程度不同，肾脏表现的变化不一样。有局

〔选自陈国宏、王永坤主编的《科学养鸭与疾病防治》（第二版），中国农业出版社，2011年〕

灶性出血时，肾脏上有色泽比正常更深的呈紫色或紫黑色的斑点，使肾脏呈现为花斑状；特别严重的出血则整个肾脏呈紫黑色，同时，腹腔中可能见到有渗出的血水；肾脏常肿胀。这种病变在禽流感、鸭病毒性肝炎、呋喃类药物急性中毒、痢菌净急性中毒、黄曲霉毒素中毒或喹乙醇中毒等病例中可见到；另外，发生住白细胞原虫病的病鸭肾脏往往严重出血。

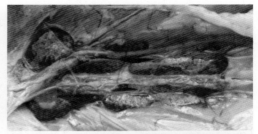

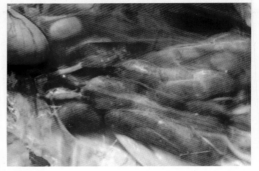

3. 肾脏严重肿胀、变性、坏死

个别疾病有这种病理表现。禽呼肠孤病毒感染引起雏番鸭"花肝"病时，一些病鸭的肾脏出现严重肿胀、变性和坏死，整个肾脏褪色变得苍白，呈钝圆状肿突出来，肾小叶纵向界限扩大，结构轮廓更加分明，似四个排列的圆柱体。部

分黄曲霉毒素中毒的病鸭肾脏也肿大苍白。

4. 肾肿大，并呈石灰色或红白相间的花斑状（白色的尿酸盐沉积）

此病变是尿酸盐在肾脏中沉积的结果，表现为肾脏肿大，变得苍白，

似抹着一层石灰，有的白色物质沉积在肾组织中与原有的色泽相间，使整个肾变成一个花斑状的器官。这是由各种因素引起的痛风的特征性病变，这些致病因素有维生素 A 严重缺乏、长期饲喂高蛋白或高钙饲料、不合理使用磺胺类药物和一些抗生素等。

5. 番鸭肾脏呈肉样肿瘤病变，高度肿大

这是一种肿瘤性疾病。出现肿瘤病变的肾脏表现为肿大、肾小叶间界限不清、质地变实，肿瘤样病变呈灰白色，严重的整个肾被肿瘤取代，成为一个灰白色的肉样组织器官。肿瘤样病变可同时出现在其他组织器官。肾脏出现肿瘤样病变的原因还不是很清楚，有的认为是鸭子患了网状内皮增生症（一种迄今为止比较少见的鸭病）的结果。

6. 输尿管肿大，内有白色物积聚

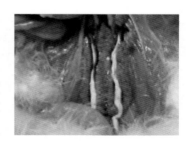

这种病变常常是由于输尿管中积满了白色的尿酸盐而导致，这是痛风的一个表现。引起痛风的原因有多种，如维生素 A 严重缺乏、长期饲喂高蛋白饲料或高钙饲料、不合理使用磺胺类药物和一些抗生素等。发生

这类疾病时，发病鸭肾脏也往往有白色尿酸盐沉积而呈花斑状。鸭子发生鸡白痢时，输尿管也可有此病变。

（八）生殖系统异常及其相应的疾病

1. 种蛋孵化率低

引起种蛋孵化率显著低于正常水平的原因较多，除了孵化技术和操作问题外，常见的因素有种蛋授精率低，种鸭发生某些维生素（如维生素A、维生素B类）缺乏，种蛋受到某些细菌（如大肠杆菌、禽沙门氏菌等）污染，种鸭发生痛风、鹦鹉热，过度使用抗菌类药物等。

2. 产蛋率下降

产蛋减少是许多疾病都有的症状。引起产蛋下降的因素很多，有传染性、营养性、中毒性（包括霉菌毒素中毒）和应激性等多种疾病，所以在诊断时应检查其他异常表现。但不同的疾病产蛋减少的幅度有差异，如发生禽流感、鸭坦布苏病毒病等病时，鸭群产蛋率下降非常显著，可从正常的90%以上突然下降到10%不到，甚至停止产蛋；接种疫苗、饲料突变、高热、炸雷、天敌闯入、受灾等因素产生应激反应时，也可导致产蛋率突然显著下降。据报道，在产蛋下降鸭群中曾分离到新城疫病毒强毒株。

3. 产软壳蛋或无壳蛋

出现软壳蛋或无壳蛋往往是蛋壳中钙沉积不足的结果。这种现象常见于维生素D或钙和磷缺乏、比例失调和吸收不良所引起的佝偻病，也见于禽流感，卵巢、输卵管等部位感染大肠杆菌或发生前殖吸虫病（主要几种吸虫病之一）时也会影响蛋壳的正常形成而产生这种症状。

4. 产钢壳蛋

有些蛋鸭所产的畸形蛋中，蛋不仅小和圆，而且蛋壳特别硬，可称之为"钢壳蛋"。产出这种畸形蛋的原因，有的认为是大肠杆菌感染引起卵巢、卵子和输卵管发炎的结果。

5. 产砂壳蛋

正常的鸭蛋表面平整较光滑。如果产蛋鸭群中有一定比例的鸭产出蛋壳表面粗糙，像砂皮纸样或有粗颗粒的蛋时，则可能是鸭群发生了疾病，如禽流感、大肠杆菌病、禽沙门氏菌病等，或者是饲料中含钙过多、大量使用某些治疗药物等。但正常蛋鸭产蛋后期也可能会产下一定比例的砂壳蛋。

6. 产畸形蛋

如果产蛋鸭群中有一定比例的蛋鸭产出的蛋有大有小、形状怪异、色泽不一、蛋壳厚薄不均等，则表明鸭群中有疾病存在，如禽流感、大肠杆菌病、前殖吸虫病（主要几种吸虫病之一）等发生时，大都会出现这种蛋的变化。

7. 蛋清内有寄生虫（前殖吸虫）

这是一种少见的现象。有些鸭子感染前殖吸虫（主要几种吸虫病病原之一）后可以耐过，并产生一定的免疫力，感染再发生时虫体不侵害输卵管而随蛋白质进入蛋内寄生，可在蛋产出后在蛋清内见到长数毫米不等、宽 1 毫米以上呈芝麻型或梨型的虫体。

8. 公鸭阴茎发炎、充血、肿大、脱出

健康公鸭的肛门部位干净平整、闭锁，如果见到发红（暗红）的异常组织脱出，则可能是其阴茎因感染发炎、肿大而发生脱出，严重的脱出的阴茎不仅充血肿胀，而且会化脓糜烂。这可能是大肠杆菌或葡萄球菌感染所导致的结果。

9. 卵巢变性、出血，或同时萎缩

卵巢发生这种病变时，卵巢上的卵泡出现各种变化，形态各异，使整个卵巢形状结构发生改变，有的结构变得模糊；大多数卵泡可见有数量不一、呈斑点或连片的紫红色甚至是紫黑色的出血病灶，有的一个卵泡就像一颗紫葡萄；当卵巢上所有卵泡均停止发育或萎缩时，一个卵巢就像一串紫葡萄。卵巢的这种病变，在禽流感、鸭坦布苏病毒病、鸭瘟、

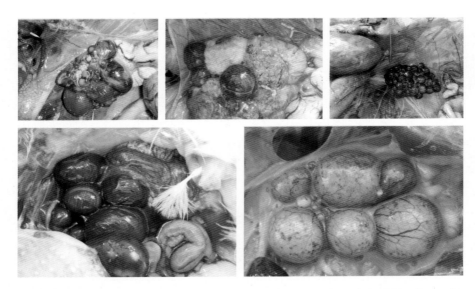

禽沙门氏菌病、大肠杆菌病等病例中常可见到。发生禽巴氏杆菌病时，卵巢也可见明显出血，有的在卵巢周围出现一种坚实、黄色的干酪样物质。

10. 卵巢变性、出血，卵子破裂或发生卵黄性腹膜炎

当卵巢发生变性、出血等病变时，往往同时发生卵子破裂，卵黄流入腹腔，严重的引起腹膜炎。此时，可见到卵巢性状结构出现异常，有紫红色的出血斑，有的卵泡似一颗紫葡萄；有的卵子破裂，腹腔中有流淌的卵黄，甚至已引发腹膜炎，腹腔中有炎性渗出物，积液增多，并浑

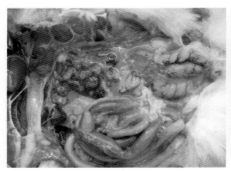

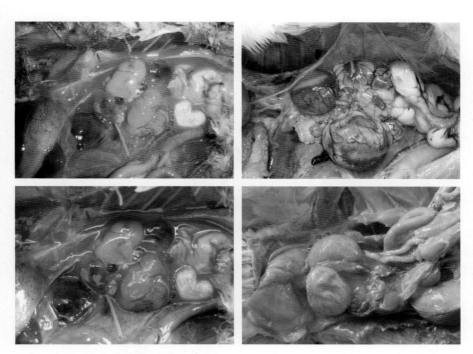

浊或有絮状、块状呈黄白色的纤维素，有的引起腹膜粘连。这种病变常在禽流感、鸭坦布苏病毒病、鸭瘟、禽沙门氏菌病、大肠杆菌病、前殖吸虫病（主要几种吸虫病之一）等病例中见到。当产蛋鸭受到长途运输等应激后，卵巢也会发生变性、退化，甚至卵子破裂引起腹膜炎。

11. 卵泡发育严重受阻或萎缩、大小基本一致

　　发生黄曲霉毒素中毒时，一些发病母鸭几乎所有卵子发育停止或萎缩，这些卵子体积大小很接近，而不像正常发育时那样差异明显，许多像一颗颗细小的珠

子，整个卵巢的体积变得非常小，有的可能发生变性。受到严重应激后发生产蛋减少或停止的鸭，其卵巢也可出现萎缩退化的病变。

12. 卵泡发育受阻或萎缩、出血呈紫葡萄状

母鸭发生喹乙醇中毒时，卵巢常常出现严重变性，失去原有正常的组织结构和色泽，而且几乎所有卵泡发育停止或萎缩，体积大小基本接近，

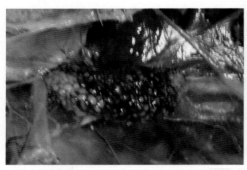
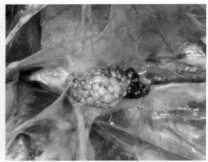

而没有像正常发育时那样差异明显，使整个卵巢体积变得非常小；有的卵泡并发出血而呈紫红色，严重的整个卵巢出血，此时，整个卵巢就像一串紫葡萄。

13. 卵巢上长有大量白色肿瘤

这是一种肿瘤性疾病。卵巢上的肿瘤结节有大有小，数量不定，呈灰白色，可布满于整个卵巢使之发生肿大，呈菜花状；切开这些肿瘤结节可见到肉样组织结构。这种肿瘤可同时在其他组织器官上出现。导致卵巢或其他

组织器官上出现肿瘤的原因比较复杂，目前还不完全明确，有的认为是鸭子得了禽白血病（一种病毒性肿瘤病，自然感染主要发生于鸡）的结果。

14. 卵巢上布满白色透明囊状肿瘤

这是一种肿瘤性疾病。卵巢上的这种囊状肿瘤其囊腔内充满液体，呈透明状，大小不一，数量不定，可布满于整个卵巢。有的认为这是一种腺瘤。导致卵巢出现肿瘤的原因比较复杂，目前还不完全明确。

［选自陈国宏、王永坤主编的《科学养鸭与疾病防治》（第二版），中国农业出版社，2011年］

15. 雏鸭卵黄吸收不全

当雏鸭因患大肠杆菌病或葡萄球菌病而发生脐部感染时，除了脐部表现出肿胀、皮下充血、出血、有胶冻样渗出物、有的脐孔闭锁不全等

病变外，病雏鸭还往往出现卵黄吸收不全或者卵黄破裂等变化，继而引起腹部膨大的表现。雏鸭卵黄吸收不全也可见于禽沙门氏菌病。

16. 输卵管（子宫）黏膜发炎、出血

发生禽流感或鸭瘟的鸭子，其输卵管（子宫）黏膜常常发生出血性炎症的病变，黏膜表面可有大量黏性或脓性渗出物，并有数量不定的紫红色出血斑点，黏膜增厚。

 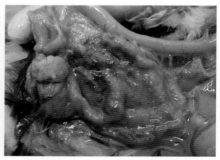

17. 输卵管发炎膨大，内积有干酪样物或蛋白样渗出物

发炎的输卵管表现为肿胀膨大，黏膜渗出、充血或出血，管内积有数量不定的灰白色或黄白色等不同性状的干酪样物质，数量多的可使输卵管显著膨胀。此病变多见于大肠杆菌感染引起的输卵管炎，也见于发

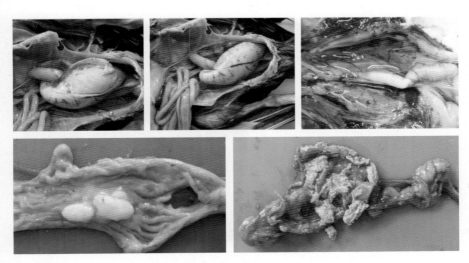

生鸭传染性浆膜炎、禽流感或鸭坦布苏病毒病的部分病例。

18. 输卵管发炎，内有寄生虫

当鸭子感染发生了前殖吸虫病（主要几种吸虫病之一）时，该吸虫可在输卵管内寄生，引起输卵管黏膜发炎充血、增厚，并可在黏膜上找到长数毫米不等、宽1毫米以上、呈芝麻型或梨型的虫体。

19. 公鸭睾丸肿大，睾丸血管充血、淤血

临床诊治中曾发现，发生禽流感或急性禽巴氏杆菌病时，有的患病

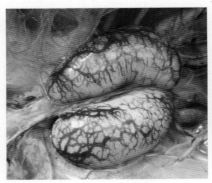
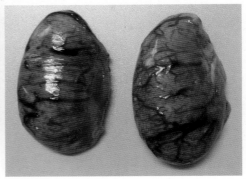

公鸭的睾丸显著肿大，其表面血管因充血、淤血而扩张。

20. 公鸭睾丸肿大，严重的可占据整个腹腔

公鸭睾丸出现肿大，可能是一种肿瘤性病变。导致睾丸发生肿瘤的原因比较复杂，目前还不完全清楚，有的认为是鸭子得了禽白血病（一种病毒性肿瘤病，自然感染主要发生于鸡）的结果。发生肿瘤病变的睾丸，肿大程度不一（视病程不同而不同），严重的大到占据

整个腹腔。切开睾丸，可见原有的睾丸组织结构部分或全部消失，取而代之的是肉样组织。

（九）免疫系统（胸腺、脾脏和法氏囊）异常及其相应的疾病

1. 胸腺萎缩，并有出血灶

萎缩的胸腺体积比正常的明显缩小，并有数量不定的紫红色出血病灶。胸腺的这种病变在发生鸭瘟或禽流感的患病鸭中常可见到。发生黄曲霉毒素中毒的病例中，胸腺也可出现萎缩。但正常情况下，鸭子长到3个月后胸腺开始出现生理性萎缩。

2. 脾脏肿大，表面包裹灰白（黄）色纤维素蛋白膜

发生鸭传染性浆膜炎的一些病鸭，不仅肝脏等器官表面附着有大量渗出的灰白（黄）色、呈絮状或片状

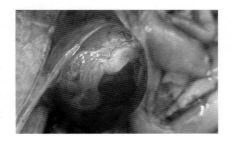

的纤维素蛋白膜（肝周炎），而且在脾脏表面也有这样的纤维素，同时，脾脏往往肿大。

3. 脾脏充血肿大，呈暗紫色

发生禽副伤寒、坏死性肠炎或禽流感时，患病鸭的脾脏可出现充血肿大的病变，整个脾脏外观色泽变深呈紫红色或深紫色，体积比正常的显著增大，脾脏包膜紧张，切开脾脏切面外翻。

4. 脾脏严重充血、出血、肿大，呈紫色或破裂

在禽呼肠孤病毒感染引起的雏番鸭"新肝"病一些病例中，脾脏发生严重的充血与出血病变，比正常的可大 2～3 倍，脾脏包膜紧张，外观整个脾脏呈紫色，有的局部出血病灶呈紫黑色；更严重的，脾脏发生破裂，此时，脾脏表面和其他脏器上或腹腔中有流淌或凝固的血液。

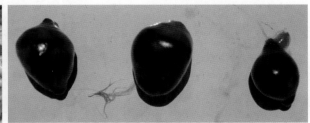

5. 脾脏上有圆形或形状不规则的出血灶

当禽呼肠孤病毒感染引起雏鸭脾坏死症时，患病鸭的脾脏可出现明显的出血病

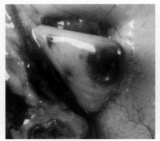
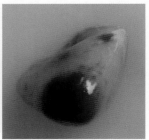

灶，出血病灶为圆形或性状不规则，呈紫红色或紫黑色，数量不定，面积有大有小，大的呈块状，小的为点状。

6. 脾脏上有形状不同的出血灶或有大量出血囊或极度肿大破裂出血

发生鸭坦布苏病毒病、鸭传染性浆膜炎或禽流感时，有些病鸭的脾脏表现为出血性病变，出血灶性状不规则，形态多样，有的呈条纹状，有的呈囊状，严重的脾脏破裂，脾脏和腹腔中有流出的血液。

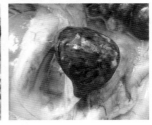

7. 脾脏肿大，表面有灰白色坏死斑块或同时有出血灶

在禽呼肠孤病毒感染引起的雏番鸭"新肝"病或雏鸭脾坏死症的病例中，脾脏可出现特征性的病变，即脾脏发生肿胀和坏死，坏死灶呈灰白

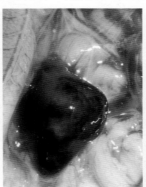
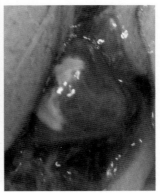

色和斑块状，并可同时出现紫红色的出血斑，白色与红色的斑块可互相混杂在一起。

8. 脾脏肿大，并有大量灰白色的坏死斑点

脾脏发生肿胀和严重坏死时，可见其体积增大、切面外翻，其表面可出现大量灰白色的斑块状坏死灶，此时脾脏表面呈现红白相间的斑驳状外观；有的病例坏死灶为粟粒状。不同病例脾脏色泽不一。在禽流感、番鸭副黏病毒病、禽出败、鹦鹉热、禽呼肠孤病毒感染引起的雏番鸭"花肝"病以及一些鸭病毒性肝炎或鸭坦布苏病毒病病例中常见到这种病变。在败血型葡萄球菌病的病例中，可见肿大的脾脏上有点状坏死灶。

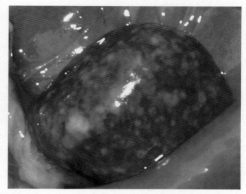

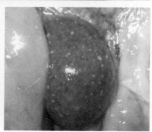

9. 雏鸭脾脏上有灰黄（白）色坏死灶或同时有黄色假膜

在由禽呼肠孤病毒感染引起的雏鸭脾坏死症的一些病例中，发病后期的病鸭脾脏严重坏死，可见有灰黄（白）色的坏死灶，严重的脾脏表面有黄色假膜覆盖。

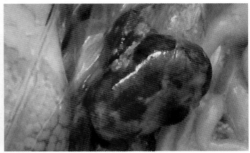

10. 脾脏发生弥散性肿瘤样病变而肿大

这是一种肿瘤性疾病。发生肿瘤样病变时，脾脏表现肿大，包膜紧张，可见有白色肉样组织与脾脏原有组织相间的大理石样外观，严重的整个脾脏被肿瘤组织所取代而成为一个灰白色的肉样器官，切割脾脏手感为切肉样。引起脾脏发生这种肿瘤病变的原因比较复杂，有的认为是鸭子得了网状内皮增生症的结果，这是一种病毒引起的慢性、散发性家禽肿瘤性疾病，迄今为止，鸭感染发生该病的比较少见。

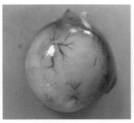

［选自陈国宏、王永坤主编的《科学养鸭与疾病防治》（第二版），中国农业出版社，2011 年］

11. 脾脏上长有许多白色肿瘤结节

这是一种肿瘤性疾病。这些白色肿瘤结节分布在脾脏表面使其变得

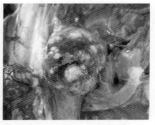

凹凸不平；也有的分散于脾脏实质中使脾脏呈斑驳状，整个脾脏质地变得坚实，切开这些结节可见肉样组织结构。肿瘤可同时出现在其他组织器官上。脾脏的这种肿瘤性病变原因比较复杂，有的认为是鸭子得了禽白血病（一种病毒性肿瘤病，自然感染主要发生于鸡）或者是长期采食含黄曲霉毒素饲料的结果。

12. 脾脏发生变性肿大，质脆易碎

患有黄曲霉毒素中毒的病鸭，脾脏组织会发生变性，表现为脾脏肿大、质脆如泥、易破碎。

13. 脾脏发生变性肿大，质地变硬，颜色苍白

在剖检患有禽曲霉菌病的鸭子时，在有的病例中可见到脾脏发生变性肿胀、质地变硬、色泽苍白，这可能是该病的一个病理变化。

14. 法氏囊肿大、出血，严重的像一颗黑枣

在有些病例中，病鸭的法氏囊发生肿大并出血的病变，其体积比正常的大，上面布有大量的大小不等的紫红色出血灶，如患有禽流感的一

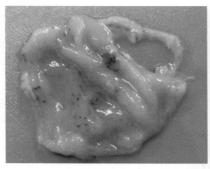

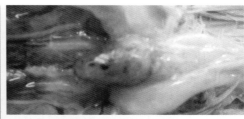

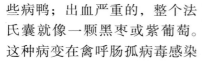

些病鸭；出血严重的，整个法氏囊就像一颗黑枣或紫葡萄。这种病变在禽呼肠孤病毒感染引起的雏番鸭"新肝"病中可见到，也有的认为是发生了传染性法氏囊病（目前这种病自然感染发病主要见于鸡）的结果。

15. 法氏囊充血呈深红色，表面有针尖状灰白色坏死点

发生鸭瘟的病鸭，其法氏囊可出现充血和坏死变化，颜色呈深红色，表面有数量不定的灰白色针尖状坏死点；切开法氏囊，可见囊腔内充满了白色凝固性渗出物。

16. 法氏囊黏膜水肿

这是法氏囊发生炎症的一种表现，可见法氏囊体积和重量均增大，黏膜上有胶冻样渗出液，似水渗出，皱折及其黏膜增厚。有的认为这是鸭子发生了传染性法氏囊病（目前这种病自然感染发病主要见于鸡）的结果。

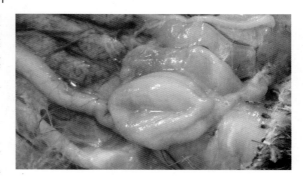

（十）其他异常表现和发病（流行）特点及其相应的疾病

1. 生长缓慢（不良）甚至停止生长

这是发生蛋白质、氨基酸或多种维生素和矿物质等缺乏时可能出现的现象，当发生各种慢性传染病以及体内外寄生虫病时也会出现生长缓慢的结果。因此，此异常表现在诊断疾病时意义不大。出现生长不良时，病鸭往往同时表现出羽毛粗乱、精神不振的情况。

2. 鸭胚或雏鸭孵出后不久即大批死亡

这种现象常因鸭胚（多由种蛋受到污染造成）或出壳后脐部感染了沙门氏菌、大肠杆菌、葡萄球菌等病原菌而引起；1周龄内发生的鸭病毒性肝炎和小鹅瘟、雏鸭发生禽曲霉菌病、雏鸭运输不当、一氧化碳中毒或育雏室温度极其异常时，也可引起大批死亡。

3. 猝然倒地死亡

有些疾病发生后，可出现超急性病例，病鸭未出现明显临床症状就死亡。如雏鸭发生禽副伤寒时，一些病鸭在表现颤抖、喘息等症状的同时，常常突然倒地而死，故有"猝倒病"之称。这种情况也见于雏

鸭发生呋喃西林（一种呋喃类药物）中毒、最急性的禽出败、禽流感、小鹅瘟、有机磷等农药急性中毒等病。

4. 主要发生在1月龄以下的疾病

在这种日龄发病的有：鸭病毒性肝炎、番鸭细小病毒病、小鹅瘟、禽呼肠孤病毒感染引起的雏番鸭"花肝"病和"新肝"病等。

5. 特定日龄阶段发病

鸭传染性浆膜炎主要发病于 1~8 周龄的小鸭，大于或小于此日龄的其他阶段鸭子很少发病。

6. 发病死亡只见于雏鸭，成年鸭不见病症

这种情况主要见于鹦鹉热、鸭病毒性肝炎、小鹅瘟、番鸭细小病毒病、鸭传染性浆膜炎等病。

7. 发病率和死亡率均高（80%以上）

一个未进行过相应疫苗免疫过的鸭群，如发生鸭瘟、雏番鸭禽流感、番鸭副黏病毒病、禽呼肠孤病毒感染引起的雏番鸭"花肝"病、1 周龄内发生的鸭病毒性肝炎、小鹅瘟、某些小肠球虫病、雏鸭黄曲霉毒素中毒及其他一些群体性中毒病  等疾病时，都可出现很高的发病率和死亡率。

8. 发病率很高（50%以上）但死亡率较低（10%以下）或出现慢性死亡

出现这种发病情况的疾病主要有鸭坦布苏病毒病、部分水禽慢性呼吸道病和衣原体病、鸭群缺乏营养性物质、普通感冒等。

9. 鸭群中有大量鸭突然死亡

未发现任何明显异常情况，鸭群中有大量鸭子突然死亡，这种现象可出现于受到老鹰、黄鼠狼、猛蛇等天敌的突然袭击；遇到炸雷或雷击、急性中毒病等情况时，也可能突然出现大量鸭子死亡的情景。这些原因消除后，死亡便可减少或停止。

10. 胸腔壁上有黄色胶冻样浸润

有的认为，发生禽流感时，有些病鸭的胸腔壁（胸膜）会发生渗出性炎症，在其表面形成一层淡黄色胶冻样浸染。

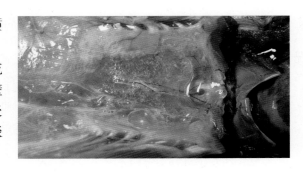

11. 腹腔积液（腹水）

正常情况下，鸭子腹腔中有微量液体，起到润滑和缓冲的作用；但发生黄曲霉毒素慢性中毒、食盐中毒或呋喃类药物（痢特灵）中毒和有些

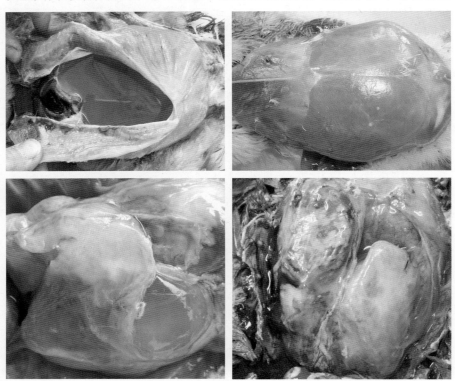

大肠杆菌病、鸭传染性浆膜炎或内脏肿瘤等病时，可出现多量或大量液体积聚。这种变化常是腹膜或肝脏等器官发生炎症或血液循环障碍的结果。腹腔积液严重时，可见病鸭腹部膨大，两腿叉开站立，剥去腹部皮肤后腹腔呈透明状，可见到腹腔内的液体；打开腹腔，有大量棕色或黄色液体流出。该症状由肝脏功能障碍引起的则其肝脏往往变硬，并在表面常有一层白色纤维膜包裹。有些禽曲霉菌病病例也偶见有淡红色腹水。

12. 死亡鸭腹腔内有大量的血凝块

这是鸭子体内大出血的表现。常见原因是饲养密度过高、受冷、突然停电、外来动物（如狗、猫等）突然闯入产生惊吓等导致鸭群扎堆，从而使下部鸭子受到挤压受伤而引起，或者是受到重物撞击、粗暴抓鸭等物理性致伤的结果。

13. 腹膜上有紫红色出血斑点

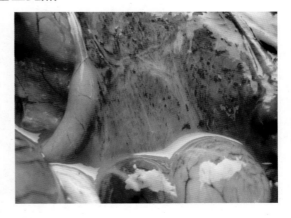

患有鸭瘟、禽出败、禽流感的鸭子，有的病例出血很广泛，许多组织器官的浆膜、黏膜都有出血病变，其中病鸭的腹膜也会发生出血现象，可见到数量不定、大小不等的紫红色或紫黑色的出血斑点，严重时出血斑点密布于腹膜上（图中，卵泡也出血）。

14. 腹膜上有白色肉样肿瘤结节

《中国家禽》2011 年第 23 期论文《蛋鸭网状内皮增生症病毒的分离与鉴定》报道了一起肿瘤病例，称病鸭的腹膜和肝脏上有数量不定、大小不等的白色肉样结节，结节边缘较模糊，切开结节为肉样组织结构，经检验，证实是网状内皮增生症。这是一种肿瘤性疾病，迄今为止，鸭感染发生该病的情况比较少见。

（选自罗青平等报道，《中国家禽》2011 年第 23 期）

三 常见鸭病的诊断与防治

（一）病毒病

1. 禽流感

鸭的禽流感（AI）又称鸭的流行性感冒，是由 A 型禽流感病毒感染引起的可侵害多种禽类不同品种、不同日龄的一种病毒性传染病。A 型禽流感病毒的血清型众多，常见的有 H5、H7 和 H9 等亚型；H5、H7 等亚型毒力较强，由此类亚型病毒引起的禽流感被称为高致病性禽流感，人也可感染发病甚至死亡。病毒的抵抗力不强，65~70℃数分钟即可被灭活，对紫外线也敏感，可被许多普通消毒药迅速杀灭，但在干燥、低温环境中却能存活数月以上，存在于鼻腔分泌物和粪便中的病毒由于受到有机物保护也能存活较长时间。

发病（流行）特点

本病一年四季均有发生，但以每年的 11 月至次年的 4 月或 5 月发病较多。现在各种日龄、品种的鸭群不仅可以感染禽流感病毒发病死亡，还可以横向传染给鸡等而成为禽类高致病性禽流感的传染源。患病鸭群的发病率、病死率与感染病毒类型密切相关，有的发病率和死亡率可达100%，有的仅引起轻度的产蛋下降；此外，还与鸭的品种、日龄有关，雏鸭发病率高达 100%，病死率为 30%~95%；成年种鸭、蛋用鸭发病率相对较低，发病后的主要表现为产蛋显著下降；经调查，临床上以番鸭发病为甚，20 日龄以上的鸭群发病多见。凡有并发或继发其他疾病的鸭群，其病死率明显增高。

禽流感的患病禽、病死禽、貌似健康的带毒禽等均可为鸭发生禽流感的传染源。本病可经蛋垂直传播，也可经污染的粪便、工具、水源、空气、候鸟等水平传播。

临床症状

由于发病鸭的种类、年龄、性别、有无并发症、感染的病毒类型和外界环境条件的不同，表现的症状也有很大的差异。产蛋鸭感染发病后均有产蛋下降（产量减少 10%～80%）、无产蛋高峰或持续低产蛋率以及产软壳蛋、砂壳蛋、薄壳蛋、无壳蛋、畸形蛋等表现。有些病例，病鸭眼睛出现特征性的变化，眼睛混浊并带蓝灰色甚至失明。

最急性型：患鸭突然发病，食欲废绝，精神高度沉郁，蹲伏地面，头颈下垂，很快倒地，两脚作游泳状摆动，不久即死亡。此型常见于雏番鸭。

急性型：这一病型的症状最为典型。患鸭精神沉郁，缩颈，羽毛松乱，食欲减少或废绝，昏睡，反应迟钝。两脚发软乏力，站立不稳或不愿走动，喜蹲伏，严重病例不能站立，伏倒在地面，若强行驱赶，则出现共济失调，下水则很快挣扎上岸。部分病鸭头部肿胀，流泪并可出现湿眼圈，个别眼睑黏合。部分病鸭张口呼吸或喘气，咳嗽。部分病鸭出现明显的神经症状，表现为突然向前冲或呈现转圈运动，头颈向不同方向弯曲或扭曲呈"S"状，有的倒地滚动、两脚乱划动，有的头颈震颤，还有个别病鸭不断出现甩头、摇头、勾头等动作。病鸭下痢，拉白色、淡黄色或淡绿色稀粪，机体消瘦。

亚急性型：病鸭表现以呼吸道症状为主，食欲减少，一旦发病很快波及全群。病鸭呼吸急促，鼻流浆液性分泌物，咳嗽，2～3 天后大部分患鸭呼吸道症状减轻。

减蛋型：发病后仅以产蛋鸭发生产蛋下降或显著下降为主要症状，严重的产蛋率从原来的水平下降到 10% 甚至停产，并出现大量的畸形蛋。其他症状不明显或有轻度的咳嗽等呼吸道症状。

剖检病理变化

本病的典型病变是全身可出血、心肌坏死或有出血、胰腺坏死或有出血、呼吸道出血等。患鸭全身皮肤充血、出血，尤以喙、头颈部及胸部皮肤、皮下更明显；蹼充血、出血；腹部皮下充血、出血，腹部皮下脂肪及气囊或（并）胸腹壁可有出血；颈部上段及胸、腿部肌肉呈片状出血。胸腺通常萎缩并有出血灶。眼结膜充血、出血，眼结膜、角膜混浊。头颈及下颌部皮下胶冻样水肿。气管、支气管内有大量干酪样物或出血，肺出血、淤血或渗出，胸腔中可有积液。胰腺肿胀、出血或表面有大量的白色坏死斑点或者有透明样（液化样）坏死灶。心冠脂肪、心肌出血，心肌上有白色坏死灶并常呈条纹状，有的病例坏死的心脏上有胶冻样渗出物。食道黏膜可见出血，腺胃黏膜出血或局灶性溃疡，十二指肠、空肠、直肠包括泄殖腔等肠道黏膜出血或溃疡性出血，有的肠道某段呈环状出血，肠道上的脂肪出血。脾脏肿大、出血、淤血或有灰白色坏死点。肾肿大，呈花斑状出血。部分病例颅顶骨和脑膜严重出血或有点状出血，有的脑组织发生变性或坏死。法氏囊肿大、出血。有的病例胸腔壁上有黄色胶冻样浸润。

母鸭的卵巢出现明显病变，卵泡膜严重充血和出血，有的卵泡出血呈紫葡萄样，有的卵泡变形或萎缩，有的病例卵泡破裂或引起卵黄性腹膜炎。同时输卵管可有黏膜出血、水肿或（并）有蛋白样渗出物等变化。

有的发病公鸭睾丸显著肿大，其表面血管扩张、充血、淤血。

诊断

根据发病特点、临床症状和病理变化可作出初步诊断。但由于本病常伴有继发感染如鸭传染性浆膜炎等，故极易发生误诊，必须采集病变组织进行实验室诊断。按照国家规定，发现鸭有可疑高致病性禽流感时，应及时报告政府诊断、处置。

主要防治方法

坚持预防为主的方针，采取综合防制的措施。①加强饲养管理，落实生物安全措施。饲养场所要符合动物防疫条件。饲养场实行全进全出、彻底清场（塘水）和消毒的饲养方式，控制人员出入，严格执行清洁和消毒制度。②开展禽流感强制免疫，提高鸭群抵抗力。规模养鸭场（户）要按照禽流感免疫程序适时免疫，蛋鸭和种鸭可在14~21日龄首免、过3~4周后二免、产蛋前进行第三次免疫、以后每隔4~6个月免疫1次；肉用鸭60日龄内出栏的应在7~10日龄免疫1次，超过60日龄出栏的首免后过 2~3 周再加强免疫 1 次。农村散养鸭要在春季、秋季各集中免疫一次，确保禽流感免疫密度达到 100%。要开展免疫抗体监测，掌握免疫效果。③定期进行禽流感疫情的监测，发现异常情况及时报告。④做好引种检疫。国内异地引入种鸭、种蛋时，应当先到当地动物卫生监督机构办理检疫审批手续且检疫合格。引入的种鸭必须隔离饲养 21 天以上，并进行检测合格后方可进场饲养。

由 H5、H7 等亚型病毒引起的高致病性禽流感能直接感染人，影响公共卫生安全。因此，一旦鸭子发生高致病性禽流感，应实行以紧急扑杀为主的综合性防控措施。县级以上畜牧兽医行政管理部门划定疫点、疫区、受威胁区，同级政府对疫区实行封锁，扑杀疫区内所有禽类，关闭疫区、受威胁区内禽类产品交易市场，无害化处理所有病死鸭、被扑杀鸭及其禽类产品、鸭排泄物及可能污染的饲料等物品，对疫区和受威胁区内的所有易感禽类进行紧急免疫接种。经过 21 天以上的监测，未出现新的传染源则解除疫情封锁。

2. 鸭瘟

鸭瘟（DP）又名鸭病毒性肠炎（DVE），俗称"大头瘟"，是由鸭瘟病毒引起的常见于鸭、鹅的一种死亡率极高的急性传染病。本病以下痢、流泪和部分病鸭头颈肿大为主要临床症状。本病病毒对外界环境有一定的抵抗力，夏季直射阳光需要 9 小时才被灭活，在室温（22℃）条件下，其感染力能够维持多天，低温环境中可维持数月甚至更长；碱性或酸性消毒药均可有效杀灭该病毒。

发病（流行）特点

本病流行广泛，传播迅速，发病率和死亡率都很高，死亡率可达90% 以上。本病一年四季均可发生，但以春、秋季流行较为严重。当鸭瘟传入易感鸭群后，一般 3~7 天开始出现零星病鸭，再经 3~5 天陆续出现大批病鸭而进入疾病流行发展期和流行盛期。鸭群整个流行过程一般为 2~6 周。如果鸭群中有免疫鸭或耐过鸭，则病程可延至 2~3 个月或更长。

自然条件下，不同年龄和品种的鸭均可以感染发病，但成年鸭发病更为严重，与病鸭密切接触的鹅也会感染发病。本病病毒通过病鸭或带毒鸭排泄物排出体外并污染环境，鸭瘟感染途径主要是消化道，可通过病禽与易感禽的接触而直接传染，也可通过与污染的水源、鸭舍、用具、饲料、饮水接触而间接传染。

临床症状

本病自然感染的潜伏期 3~4 天。发病后病鸭体温升高达 42~43℃，呈稽留热；精神萎靡不振，食欲降低，饮欲增加；羽毛松乱，翅膀下垂；两脚发软，行动迟缓，严重者伏地不能行走，头颈发软、头喙着地，强行驱赶时则两翅扑地而走；病鸭不愿下水；下痢，排绿色或灰白色稀便，泄殖腔周围羽毛沾有稀粪；泄殖腔松弛，有时发生水肿，严重者黏膜外翻甚至发炎。

本病的特征性症状是流泪、眼睑肿胀和部分病鸭头、颈部肿大，俗称"大头瘟"。肿胀的眼睛流出浆液或脓性分泌物，眼周围形成"黑眼圈"，病程稍长的眼睛粘连，眼结膜充血或有小点出血，甚至形成小溃疡。鼻孔分泌物增多，有稀薄或黏稠的液体流出。呼吸困难，呼吸音粗厉，个别病鸭频频咳嗽。

产蛋鸭群在发病高峰期间，产蛋率下降 25%~40%。

病程一般为 2~5 天，部分病鸭因极度衰竭而死亡，慢性者可拖至 1 周以上。

剖检病理变化

头颈部肿大部位的皮下组织有黄色胶冻样浸润。口腔、食道黏膜有出血灶，并常有呈纵向条索状或斑块状的黄褐色伪膜覆盖，伪膜易剥离，剥离后呈现溃疡病灶，这是本病的特征性病变；有的食道膨大部与腺胃交界处有灰黄色坏死带或出血带；腹膜上可有出血斑点，肠黏膜尤其是十二指肠和直肠黏膜严重充血、出血，位于空肠和回肠区段的肠环状带呈深红色；泄殖腔黏膜发生出血、坏死，表面有结节状糠麸样坏死灶或连片的糠麸样坏死假膜，或覆盖一层黄绿色或灰褐色的坏死痂或假膜，坏死痂或假膜与黏膜牢固黏合，很难剥离，并可有出血斑点和水肿，这也具有诊断意义。肝脏可见出血性斑点，有大小不等的灰白色坏死灶，有的坏死灶周围可见环形出血带，有些坏死灶中心有出血点；有的病例感染早期的肝脏呈浅铜绿色，并可有不规则细小出血点和白色坏死灶，感染后期呈暗古铜色或着染胆汁色，并且白色坏死灶更明显，但出血不易见到。心脏上有不同程度的出血。胸腺有多灶性出血，表面和切面有黄色病灶，严重萎缩。雏鸭法氏囊呈深红色，表面有细小坏死点，囊腔内充满白色的凝固性渗出物。体表皮肤上可有散在出血斑点或充血而发紫。

发病的产蛋鸭卵巢发生变性、充血、出血，有的卵泡发生破裂甚至引起卵黄性腹膜炎，有的仅为输卵管（子宫）黏膜发炎、出血。

诊断

根据流行特点、临床症状和病理变化可作出初步诊断，确诊可采集病状严重或死亡病鸭的肝、脾、血液或肾等样品送实验室进行病原分离鉴定。应注意与禽出败的鉴别。

主要防治方法

本病目前尚无有效的治疗方法，应预防为主。平时需加强饲养管理，喂以营养全面的饲料，保证维生素的需求量，搞好鸭舍卫生，落实鸭舍、饲养用具等的消毒措施，减少应激因素，以提高鸭的体质和抗病能力。

预防本病最重要的措施是接种疫苗。在 20 日龄时进行首免，4~5 个月后再加强免疫接种一次，种鸭每年接种两次即可，产蛋鸭在停产时进行接种。

对突然暴发本病的鸭群应立即用疫苗进行紧急接种，停止放牧，同时采取综合防控措施。也可同时在饲料中适当增添维生素以及添加一定的抗菌药，用口服补液盐代替饮水等。

3. 鸭病毒性肝炎

鸭病毒性肝炎（DH）是雏鸭的一种急性、高度致死性传染病，以肝炎为其主要特征。鸭肝炎病毒目前分为三个血清型，即1、2、3型，各型病毒在血清学上有着明显的差异，我国流行的鸭病毒性肝炎为血清 1 型，其他型尚无全面调查发现。该病毒对外界环境的抵抗力较强，在被污染的育雏室内至少能存活 10 周，但普通消毒剂对病毒即有杀灭作用。

发病（流行）特点

本病一年四季都有发生，一般冬、春季节更易发生。饲养管理不善、鸭舍潮湿拥挤、缺乏维生素和矿物质等均可促进本病发生。本病主要危害 3 周龄内的雏鸭，发病率和死亡率均很高，发病率可达 100%，小于 1 周龄的死亡率可达 95%，1～3 周龄的为 50% 或更低；4 周龄以上的很少发生，成年鸭感染后没有任何临床症状。本病主要通过消化道和呼吸道传播。有资料报道产蛋鸭感染后虽不会发病，但可通过种蛋传播。

临床症状

本病潜伏期通常为 1～4 天。病鸭精神委顿，翅膀下垂，食欲废绝，离群独处，眼半闭呈昏迷状态，有的出现喙和腿脚发黑，有的出现腹泻。随后病鸭出现典型神经症状，全身抽搐，共济失调，身体倒向一侧，头向背部后仰，两腿阵发性向后蹬踢和划动，有的呈角弓反张姿势，死亡很快。

剖检病理变化

特征性的病变在肝脏，可见肝肿大、质脆，呈不同程度褪色或发黄，表面见有出血点或出血斑；胆囊充盈；多数病鸭的肾脏发生充血和肿胀；脾有时肿大、有坏死灶，呈斑驳状。

诊断

根据发病特点、临床症状和剖检病理变化可作出初步诊断，采集病鸭的肝脏组织，送实验室经病毒分离鉴定和血清学方法检测可以作出确诊。临床诊断应注意与雏鸭黄曲霉毒素中毒病例的鉴别。

主要防治方法

执行严格的综合防疫制度是预防本病的有效措施。除防止从疫区引进雏鸭外，控制人员进出和车辆往来、用具和垫草的消毒卫生工作也很重要。

在本病流行地区，可采用弱毒疫苗对种母鸭在开产前 2~4 周进行免疫接种，所产种蛋会有高水平的母源抗体，使雏鸭产生被动免疫保护。亦可对无母源抗体的雏鸭在 1 日龄时接种疫苗进行预防。

鸭群发病的初期，可应用有国家批准的高免血清或高免蛋黄抗体制剂每羽注射 0.5~1.0 毫升，进行预防性治疗。

4. 番鸭细小病毒病（三周病）

番鸭细小病毒病（MDP）是由番鸭细小病毒引起的以腹泻、喘气和脚软为主要症状的传染病，因主要发生于 3 周龄以内的雏番鸭，故俗称"三周病"。该病病毒对酸、热等有较强的抵抗力，低温环境中存活更长，但易被紫外线、烧碱等灭活。

发病（流行）特点

主要发生于三周龄以内的雏番鸭，发病率一般为 20%~60%，死亡率为 20%~40% 或更高；日龄越小发病越严重，在自然条件下，随着雏番鸭日龄增长而发病率和死亡率下降，40 日龄的番鸭也可发病，但发病率和死亡率均低；青年或成年鸭常不出现临床症状，但可带毒，并经排泄物散毒。其他禽类未见自然感染的病例。本病发生无季节性，但低温、空气中氨和二氧化碳气体浓度高等因素可加重本病发生。

病鸭、带毒鸭通过粪便等排泄物排出大量病毒污染环境而引起传播，也可污染种蛋，造成出壳的番鸭感染发病。

临床症状

根据病程长短，可分为最急性、急性和亚急性三型。病程的类型与发病日龄关系极为密切。出壳后 7 天以内的多为最急性型，其病势凶猛，病程很短，患病鸭未表现出明显症状就死亡。7~14 日龄得病者一般为急性型，主要表现为精神委顿，羽毛蓬松，两翅下垂，尾端向下弯曲，两脚无力，懒于走动，不合群，对食物啄而不食；有不同程度的拉稀现象，排出灰白或淡绿色稀粪；呼吸困难，张口呼吸，喙端发紫；濒死前两脚麻痹。亚急性型往往是由急性型转化而来的，或出现在日龄较大的发病鸭上，主要表现为精神委顿、喜蹲伏；排黄绿色或灰白色稀粪，并黏附于肛门周围；大部分病鸭颈部和尾部脱毛；幸存者多成僵鸭。

各种病型的大部分鸭子泄殖腔扩张、外翻。

剖检病理变化

本病病变与小鹅瘟相似。

肠道尤其是空肠和回肠病变最富有特征性。多数病例小肠的中段和下段，特别是近卵黄柄和回盲部的肠段，外观变得极度膨大，体积比正常肠段增大2~3倍，呈淡灰白色，形如香肠状，手触肠段质地很坚实；从膨大部分与不肿胀的肠段连接处可以明显地看到肠道被阻塞的现象；膨大的肠段有的病例只有一段，有的可分几段，每段长短不一；这些膨大部位的肠腔内充塞着淡灰白色或淡黄色的栓子状物，完全阻塞肠腔。心脏变圆、心肌松弛；肝、脾、肾稍肿，胆囊充盈；胰腺肿大，有针尖大坏死灶。

有的病例脑壳发生充血、出血；有的病例肠道黏膜有充血和斑点状出血。

诊断

根据本病的流行特点、临床症状、病理变化等可作出初步诊断，确诊需采集肝、脾、肾等组织送实验室进行病毒分离鉴定和血清学诊断。本病与小鹅瘟相似，应注意鉴别。

主要防治方法

应严格执行生物安全管理制度，及时清理污物、加强环境卫生和消毒工作，实行全进全出、彻底清栏（塘水）消毒管理措施，对种蛋、孵房和育雏室严格消毒。同时可采取免疫措施，在种番鸭留种蛋前2~4周免疫一次；未经免疫的种番鸭群，雏番鸭在出壳后48小时内应用弱毒疫苗进行免疫。对发病鸭无治疗方法，对无免疫过的发病同群鸭可采取紧急免疫措施，如有国家批准的免疫抗体制剂也可使用。

5. 小鹅瘟

小鹅瘟是由小鹅瘟病毒（GPV）又称鹅细小病毒感染引起的急性或亚急性败血性传染病，自然情况下仅发生于番鸭和鹅的幼雏，以肠道炎症渗出、黏膜脱落为主要病理变化。本病病毒对环境、酸等有较强的抵抗力，但易被烧碱等碱性消毒药灭活。

发病（流行）特点

主要侵害出壳后 4~20 日龄的雏番鸭和雏鹅，传播快、发病率和致死率高，1 周龄内的死亡率可达 100%；随着雏番鸭日龄的增长，发病率和死亡率均下降，并与种番鸭群的免疫状态密切相关，20 日龄以上的发病率低，1 月龄以上的则很少发病。病鸭或带毒鸭通过粪便将病毒排出体外污染环境，自然感染途径主要是消化道，带毒种蛋可垂直传播，被污染的孵坊及用具、饲料、场地、运输工具等都可传播蔓延本病。本病的流行呈一定的周期性，在大流行的年份，患病雏鸭的死亡率高达 95% 以上。

临床症状

最急性型：3~5 日龄以内发病者，常无前驱症状，一旦发现已经是极度衰弱，或突然倒地，两脚乱划，很快死亡。

急性型：多发生于 1~2 周龄。表现为站立不稳，行动迟缓，精神沉郁；食欲减少或废绝，或随群做采食动作，但随即甩掉所采得的饲料；严重腹泻，排灰色或淡黄绿色稀粪，肛门周围粘有粪便和污物；张口呼吸，鼻孔流出浆液性分泌物，使鼻孔周围污秽不洁；喙发绀；死前两腿麻痹瘫痪或抽搐。

亚急性型：多见于疫病流行的后期或是 15 日龄以上的病鸭，症状同急性型但比较轻，以食欲缺乏和腹泻为主。病程也较长，少数病鸭可以自然康复。

剖检病理变化

本病病变与番鸭细小病毒病相似。

最急性型：病变不明显，仅见小肠前段黏膜肿胀充血，覆盖有大量淡黄色黏液。

急性型：多数病例小肠的中、后段（空肠和回肠的回盲部）及少数病例的盲肠，外观变得极度膨大，呈淡灰白色，形如香肠状，手触肠段质地很坚实。从膨大部分与不肿胀的肠段连接处可以明显地看到肠道被阻塞的现象。膨大的肠段有的病例只有一段，有的可分几段，每段长短不一。这些膨大部位的肠腔内充塞着淡灰白色或淡黄色的栓子状物，完全阻塞肠腔。其他器官也有不同程度的病变，如心脏变圆、心肌松弛，肝脏肿大，胆囊充盈。

亚急性型：肠道中形成栓子病变更加典型。

有资料报道，有的病例，患鸭皮下组织发生充血、出血，皮下整片可呈红色甚至有血液渗出。

诊断

根据流行病学、临床症状及病理变化可作出初步诊断，确诊应采集肝、脾、肾等组织送实验室进行病毒分离鉴定或采取血清进行特异性抗体检验。应注意与番鸭细小病毒病的鉴别。

主要防治方法

预防本病关键是落实生物安全措施，实施全进全出、彻底清栏（塘水）消毒的管理制度，及时清除污物、加强环境卫生，种蛋和孵化器具要严格清洗消毒。同时，可采取免疫方法预防，对种番鸭分别在产种蛋前2个月和1个半月进行免疫；未经免疫的种番鸭群，雏番鸭应在出壳后24小时内用弱毒疫苗进行免疫。对发病鸭无治疗方法，对未曾免疫过的发病同群鸭可采取紧急免疫措施，也可使用国家批准的免疫抗体制剂。

6. 禽呼肠孤病毒感染

禽呼肠孤病毒感染是一种发病急、死亡率高的新传染病，临床发现本病毒感染引起的病症表现比较复杂，根据发病表现特点，目前临床上一般分为雏番鸭"花肝"病、雏番鸭"新肝"病、雏鸭脾坏死症等三种症型。本病毒较耐热、耐酸，对过氧化氢、1%甲醛溶液（3%福尔马林）和2%

来苏水有一定抵抗力，但可被 70% 酒精和 0.5% 有机碘杀灭。

发病（流行）特点、临床症状和剖检病理变化

不同种症型其临床和病理表现形式有一定的差异。

（1）雏番鸭"花肝"病（又称肝"白点"病、雏番鸭坏死性肝炎）。该型主要侵害 1 月龄内的雏番鸭，7~8 日龄即可发病，最多见于 10~25 日龄的雏番鸭，发病率可高达 100%，死亡率通常为 20%~30%，严重的可高达 95% 以上。本病的发生无季节性，饲养条件差、密度高会促进本病发生。

本病潜伏期为 2~4 天，患病雏鸭表现为精神委顿，食欲减少，绒毛松乱，怕冷聚堆，常出现腹泻，排出白色或淡绿色带有黏液的稀粪。

患鸭肝脏出现特征性病变，表现为肝脏肿大，表面有散在的、大小不一的灰白色坏死斑点或同时有出血灶，使肝脏呈现"白点"肝、"白斑"肝、"花斑"肝特征。胆囊肿大，充满胆汁。脾脏上也有大小不一的灰白色坏死灶，使脾脏呈"花斑"状。肾脏褪色或变性坏死，有的可见明显的出血灶，多数肿胀，有的高度肿胀。胰腺肿胀，并有紫红色出血斑点或坏死病灶。肠道包括盲肠的浆膜和黏膜面均有弥散性颗粒状黄白色坏死点，肠黏膜增厚。有的病例可出现出血性肺炎。

（2）雏番鸭"新肝"病（又称雏番鸭出血性坏死性肝炎）。该型仅发生于 30 日龄以内的雏番鸭，发病较急，常在养鸭密集地区发生，发病死亡率可达 10%~30%。发病日龄具有明显的规律，7 日龄左右鸭群开始发病死亡，13~15 日龄达发病死亡高峰，在自然情况下一般到 20 日龄时鸭群发病死亡率逐渐降低，30 日龄以后死亡基本停止。本病一年四季均可发生，养殖条件差可促进本病发生。

发病鸭食欲明显下降，拉黄白色水粪，怕冷，鸭群挤堆，缩颈，发热，死前有神经症状。

该病的主要病变为肝脏肿胀、褪色，并有许多散在的花斑状出血灶，部分出血的肝脏上间有白色坏死斑点，胆囊充盈。心包常积液，并有心脏出血。有的脾脏严重充血、出血，并肿大呈紫色或破裂；有的脾脏肿大，表面有灰白色坏死斑块或同时有出血灶。胰腺有紫红色出血斑点或坏死病灶。小肠出血发紫。肾脏变性褪色或坏死，有明显的出血灶，并多数肿胀。法氏囊肿大、出血，严重的像一颗紫葡萄。脑壳上可有面积大小不一、呈红色或紫红色的充血、出血灶。有的病例肺发炎渗出、胸腔中可积液。

（3）雏鸭脾坏死症。本病以往称"肉鸭脾坏死症"，一年四季均可发生，但以春、夏季较重。可发生于任何日龄的雏鸭，麻鸭、番鸭、北京鸭均有发生，5~25日龄是易发病阶段。

病鸭易扎堆，精神委顿，全身乏力，蹲伏，缩颈，嘴拱地，绒毛松乱，两翅下垂，摇头，呼吸急促，走路时两腿甚至整个身体颤抖，严重者瘫痪；发病鸭采食、饮水有所下降，机体消瘦；大部分病鸭下痢，粪便呈白色、黄白色或绿色，并且有腥臭气味；眼和鼻有分泌物，有的鸭肛门周围有粪便黏附。有些病例身躯倒翻，头脚盲目划动；有的发病雏麻鸭脚趾蹼肿胀、发紫甚至坏死。病程1~3天。

本病的特征性病变为脾坏死，有的脾脏有圆形或不规则的出血灶；有的脾脏肿大，表面有灰白色坏死斑块或同时有出血灶；发病后期脾脏严重坏死，可见有灰黄白色坏死灶或同时有黄色假膜。肝脏肿胀，并有坏死点。胆囊肿大、充满胆汁。肾脏变性褪色或坏死，有明显的出血灶，并多数肿胀。有的病例可出现出血性肺炎。

诊断

根据发病特点、临床症状和病理变化可对这类疫病作出初步诊断，可采集病鸭的肝、脾等组织进行病毒分离鉴定和PCR检测进行确诊。

主要防治方法

对于禽呼肠孤病毒感染，目前尚无理想的治疗药物。应加强饲养管理、采取综合防治措施进行预防，在流行地区可试用疫苗接种预防。对发病鸭群可使用适量的抗生素和清热解毒药进行治疗。

7. 鸭坦布苏病毒病（鸭出血性卵巢炎）

本病是新发现的由黄病毒科坦布苏病毒感染引起的一种急性、高度传染性的疾病，临床上以产蛋显著下降为主要特征，曾称为"鸭出血性卵巢炎"。坦布苏病毒对酸和强碱敏感，50℃以上温度处理1小时即失去感染能力。

发病（流行）特点

本病于2010年春夏之交在我国突然出现，6～12月间本病迅速蔓延至全国大部分地区。多个品种的蛋鸭和种鸭发生了本病，受感染的鸭群几乎均会发病，产蛋鸭发病率可达90%或更高，同群小鸭也会发病；总体死亡率较低，多为5%左右，但有的鸭群死亡率可达20%以上，可能与其他病原的继发或混合感染有关。病鸭、带毒鸭是主要传染源。可经昆虫、鸟类或经粪便等传播，也可垂直传播。

临床症状

发病鸭发热，精神委靡，站立不稳，拉草绿色稀便，翅膀下垂，双腿瘫痪、向后或侧面伸展。有资料称有的病鸭出现头颈歪斜等神经症状。在大约1周时间内，患鸭采食量下降30%～90%。产蛋鸭产蛋率下降50%以上，严重者产蛋率下降至10%以下，在产蛋低谷维持约2周后，产蛋率逐渐回升，恢复到接近正常水平约需1～2个月。

剖检病理变化

本病的特征性病变是卵巢的变化，卵泡出血、变性、坏死甚至破裂，并可引起卵黄性腹膜炎，或同时伴有脾脏肿大出血或坏死、输卵管内有干酪样分泌物、胰腺出血或坏死等变化，或还有肝肿大、坏死或充血色暗；有的心肌坏死；还发现有些发病蛋鸭的泄殖腔发炎、鼓胀呈气球状。

诊断

根据发病流行特点、临床症状、病理变化可作出初步诊断，但确诊需采集病鸭的卵泡膜、脾脏、肝脏等组织，送实验室进行病毒分离鉴定和血清学监测。

主要防治方法

由于鸭坦布苏病毒病是一种新的传染病，故目前还没有特效治疗药，一般采取对症治疗。首先是改善饲养条件，加强护理；其次是用清热解毒的中草药（例如板蓝根、金银花等）以及增强免疫力的药物，或使用抗菌消炎特别是针对输卵管炎的药物（例如阿莫西林等）。执行严格的综合防疫制度、阻断外来疫源传入是预防本病的关键措施。

8. 番鸭副黏病毒病

番鸭副黏病毒病是由禽副黏病毒 I 型（APM-I）引起的以肠道出血、溃疡和脾脏坏死为主要特征的一种急性败血性传染病。本病病毒在潮湿、寒冷的环境中能生存很久，在掩埋的尸体中可存活 1 个月；但在高温和干燥下易失活，也易被常用消毒药杀灭。

发病（流行）特点

各种日龄的番鸭均可感染发病，疫病传播速度快，一周内就可传染全群，发病率和死亡率可高达 80%，且日龄越小发病越严重。番鸭可因接触被病毒污染的饲料、饮水、用具等引起感染，消化道、呼吸道是主要感染途径，病番鸭和带毒的野禽及吃了病死鸭的猫、狗和老鼠等是本病的主要传染源。本病发生没有季节性，一年四季均可发生。

临床症状

病初，病鸭精神沉郁，两腿无力，食欲减退甚至废绝，渴欲增加；腹泻，拉白色稀粪，有的拉红色稀粪，有的排腥臭、糊状稀粪；有甩头、咳嗽、呼吸困难等症状。中期病情加重，病鸭羽毛松乱，缺乏油脂光泽，排带有暗红或微黄色的稀粪。后期粪便多呈绿色水样，病鸭迅速消瘦，双翅下垂，有的步态蹒跚，站立时多单脚提起，有时病鸭出现扭颈、转圈、瘫痪等神经症状，最后衰竭而死。病程一般为 4~15 天。

剖检病理变化

小肠黏膜上可见散在黄豆大小纽扣状出血性溃疡灶，表面有纤维素性凝固物附着，中心发黑，易剥离，剥离后病变部可见出血和溃疡瘢痕；部分病例小肠黏膜呈块状或广泛的针尖样出血，有的病例肠道浆膜面就可见到戒指样环状出血灶。脾脏肿大，有白色坏死斑点，呈花斑状。胰腺肿胀并有明显的圆形或椭圆形白色坏死灶，中心下陷。腺胃黏膜出血或伴有肿胀、坏死。肌胃角质层下有出血点或出血斑。肾脏略肿大，色淡。肝脏轻度淤血，胆囊肿大。有神经症状的病例可出现脑充血、出血和水肿。

诊断

根据发病特点、临床症状和剖检病理变化可作出初步诊断，确诊需采集血液、胰腺、脾脏或脑组织进行病毒分离鉴定和血清学检测。须注意与禽流感的鉴别。

主要防治方法

目前，尚无治疗番鸭副黏病毒病的有效药物，主要是加强预防措施，加强饲养管理，严格执行卫生消毒制度，严禁一切带毒和被污染的物品进入场内，实行全进全出、彻底清场消毒的养殖方式。同时，可采用灭活疫苗进行预防接种，增强鸭群的免疫力。

（二）细菌和真菌病

1. 鸭传染性浆膜炎

鸭传染性浆膜炎又名鸭疫里氏杆菌（鸭疫里默氏杆菌）病，原名鸭疫巴氏杆菌病，是由鸭疫里氏杆菌引起的一种传染病，呈慢性或急性败血症经过，以引起雏鸭纤维素性心包炎、肝周炎、气囊炎和关节炎为特征。该病菌对外界抵抗力较弱，在气温高和干燥环境下不易存活和生长，在垫料、水中可存活多天，可被常用消毒药杀灭。

发病（流行）特点

本病可在鸭、鹅等多种禽类中发生，2~3 周龄雏鸭、雏鹅等幼禽最易感染，1 周龄以下和 8 周龄以上的极少发生，但可带菌成为传染源。本病一年四季均可发生，在阴雨、潮湿、密度过大、低温高热、营养不全等情况下多发。感染鸭群中，有的感染率很高，可达90%以上，病死率为5%~75%或更高。该病主要通过呼吸道、破损的皮肤伤口感染，被污染的饲料、饮水、空气是重要的传播介质。本病常与大肠杆菌病并发或继发于大肠杆菌病。

临床症状

急性病例表现为精神沉郁、嗜睡、缩颈，腿软、不愿走动、行动迟缓或共济失调；眼和鼻有浆液性或黏液性分泌物；腹泻，排出绿色或黄绿色稀薄粪便；濒死前有头颈震颤、背脖和伸腿呈角弓反张、抽搐等神经症状；病程一般为1~3天。4~7周龄的雏鸭病程多呈亚急性或慢性经过，主要表现为精神沉郁，食欲减少，肢软卧地，不愿走动，呈犬坐姿势，出现共济失调、痉挛性点头或头左右摇摆、前翻后仰，呈仰卧姿态；有的头颈歪斜，颈部可弯曲成90度，做转圈运动或倒退；有的腹部膨大、两腿叉开；病程可达1周以上。

慢性局灶性感染常见于皮肤，有些发生关节炎、跛行。发病后未死的鸭也会发育不良，生长缓慢。

剖检病理变化

病鸭最主要的病理变化是浆膜表面有纤维素性炎性渗出物，以心包膜、肝被膜和气囊壁的炎症为主，构成纤维素性心包炎、肝周炎或气囊炎。心包膜被覆着淡黄色或干酪样纤维素性渗出物，心包囊内充满黄色絮状物和淡黄色渗出液。肝脏表面覆盖着一层灰白色或灰黄色纤维素性蛋白膜；脾表面也可附有同样的纤维素性膜，有的脾肿大或出血，呈斑驳状。气囊混浊增厚，气囊壁上附有条片状、絮状的黄白色纤维素性渗出物。鼻窦内有黏液脓性渗出物。有的病例发生纤维素性肺炎，肺表面可见大量渗出的灰白或灰黄色纤维素或与胸壁粘连、也可能有化脓。中枢神经系统感染可出现纤维素性脑膜炎，脑膜发炎充血、增厚，附有纤维素性蛋白渗出物。少数病例输卵管明显膨大，管内充满干酪样渗出物。有的腹腔积液。有的发病雏番鸭脑壳充血、出血。

慢性局灶性皮肤感染病例，多见于背下部或肛门周围组织发生坏死性皮炎，病变皮肤和脂肪呈黄色，皮肤与脂肪层间可见淡黄色渗出液，或切面呈海绵状，似蜂窝织炎变化。发生关节炎的关节肿大，切开见关节液增多。

诊断

根据发病特点、临床症状和剖检病理变化可以作出初步诊断。确诊应无菌采取心血、肝、脑等病变组织进行病原涂片镜检、培养分离与鉴定。发生心包炎、肝周炎、气囊炎的病例应注意与大肠杆菌病、鸭变形杆菌病、衣原体病等进行鉴别。

主要防治方法

预防本病重在加强饲养管理，注意鸭舍的通风、防热、防潮，冬天要防寒，保证营养全面，及时更换垫料，实行全进全出、彻底清栏（塘水）消毒的饲养管理制度，定期对鸭舍、用具等进行消毒。免疫接种是预防该病的有效措施，可根据本场流行菌株来选择同型菌株疫苗进行接种，确保免疫效果。

一旦发现鸭群发病，可选择新霉素、土霉素及磺胺类药物进行治疗，该菌容易产生耐药性，故用药前最好进行药敏试验，选用高敏药物。

2. 大肠杆菌病

大肠杆菌病是鸭等禽类的一种常见传染病，是由不同血清型致病性大肠杆菌引起的急性或慢性疾病的总称，已成为危害养鸭业的主要疾病之一。多数哺乳动物也能感染。致病性大肠杆菌对外界环境的抵抗力属中等，对酸碱均敏感，55℃条件下 1 小时或 60℃条件下 20 分钟就被杀死，常用消毒剂能有效杀灭该菌。

发病（流行）特点

本病一年四季均可发生，临床表现多样。不同日龄、不同品种的鸭子均可感染发病。致病性大肠杆菌主要通过消化道感染，通过病鸭分泌物、排泄物污染的饮水、饲料、垫料等途径进行传播，污染种蛋可引起垂直传播。饲养环境差、潮湿、养殖密度高、气候突变、营养水平低等是重要的诱发因素。虽然本病发生时多为群发性，但因感染途径和部位以及影响因素不同，发病率和死亡率也不一样。

临床症状及剖检病理变化

大肠杆菌可感染不同部位，所以表现的症型比较复杂。根据症状和病变可分为败血症、广泛的纤维素性炎症、卵黄性腹膜炎、输卵管炎、肠炎、初生雏卵黄感染和脐炎及其他病型。

败血症：主要发生于2~8周龄鸭，冬末春初多发。急性病例很少出现可见症状就死亡。剖检可见小肠等脏器出血发紫，有的病例心包积液、心脏出血等。

广泛的纤维素性炎症：常见纤维素性心包炎、肝周炎、气囊炎等，病变类似于鸭传染性浆膜炎，严重的因腹腔中大量纤维素渗出而引起内脏粘连；有的则发生纤维素性肺炎，在肺表面有大量渗出的灰白或灰黄色纤维素或与胸壁粘连；有的腹腔积液，腹部膨大、下垂，两腿叉开，喙也可发黑。

卵黄性腹膜炎：又称蛋子瘟，主要发生于产蛋期的母鸭。病鸭体态消瘦，丧失产蛋能力。外观病鸭腹部膨大、下垂，两腿叉开，喙可发黑，肛门周围羽毛上粘着蛋白或蛋黄状的污物，排泄物中含有蛋白状物或黄白色凝块。剖检时可见卵泡变形、变色和出血，有的卵泡破裂，此时腹腔有腥臭味，内有多量卵黄状物质，并发生程度不一的腹膜炎，可有腹腔积液，严重的因大量纤维素渗出而引起内脏粘连。

输卵管炎：多发生于产蛋期，病鸭产软壳蛋或无壳蛋，也有产砂壳蛋甚至钢壳蛋。病鸭输卵管膨大，管内有干酪样物，常于感染后数月内死亡，存活者产蛋停止。严重的可导致泄殖腔、子宫甚至输卵管等内脏脱出体外并发炎。

肠炎：这是本病的常见病型。病鸭腹泻，肛门周围羽毛潮湿、污秽、互相粘连。剖检可见肠黏膜充血、出血，肠内容物稀薄，并含有带血黏液。有的病例可见泄殖腔黏膜发炎外翻或同时有灰褐色结痂，甚至连同其他内脏一起脱出体外。有的泄殖腔发炎、鼓胀呈气球状。

初生雏卵黄感染和脐炎：这是一种导致雏鸭严重死亡的疫病。被大肠杆菌污染的种蛋孵化后可导致死胚或幼雏卵黄感染，胚胎多在孵化后期死亡；出壳的弱雏卵黄吸收不良、呈污褐色，且常并发脐炎，多在出壳后 6 天内死亡。

其他病型：可引起眼结膜炎，出现眼睑水肿、流泪或眼中有黏性和脓性分泌物，严重的甚至失明。还可引起关节滑膜囊炎，导致关节肿胀、跛行。也可感染脑部引起脑炎，出现摇头、斜颈、抽搐等神经症状。有的可能会引起公鸭阴茎发炎、充血、肿大甚至脱出。此外，大肠杆菌病可继发或并发于其他疾病，如水禽传染性窦炎、鸭传染性浆膜炎等，则表现的病症更加复杂。

诊断

一般可根据发病特点、临床症状和病理变化作出初步诊断，确诊应无菌采集病鸭的血液、肝、脾以及腹腔或输卵管内的分泌物进行细菌分离鉴定。本病的病型较复杂，与许多疾病的表现相类似，应细致鉴别。发生心包炎、肝周炎、气囊炎的病例，须注意与鸭传染性浆膜炎、鸭变形杆菌病、衣原体病等进行鉴别。

主要防治方法

预防本病，关键是加强饲养管理、采取综合防控措施，实施全进全出、彻底清场清池水和消毒的养殖方式。保持鸭群合理密度，注意鸭舍空气流通，确保饲料质量和饮水卫生，及时淘汰病鸭，做好种蛋消毒，搞好孵化器具清洁卫生等。水池的水应定期更换，必要时应加入适量消毒药进行消毒。

一旦发病，用药物治疗应在患病的早期进行。由于致病性大肠杆菌极易产生耐药性，故最好经药敏试验选择药物或者选择本场未用过的药物，交替或联合使用药物更有效。用药期间，须注意同时做好禽舍的清洁消毒，改善饲养管理条件等。

3. 禽巴氏杆菌病（禽霍乱、禽出败）

禽巴氏杆菌病又称禽霍乱、禽出血性败血症（禽出败），是由多杀性巴氏杆菌引起的鸡、鸭、鹅等禽类的一种败血性传染病，发病率和死亡率很高。该病原对各种消毒药和理化因素的抵抗力不强，在直射阳光和干燥条件下会很快死亡，56℃加热 15 分钟、60℃加热 10 分钟就可被杀死，能被普通消毒药有效杀灭，但在粪中可存活 1 个月，尸体中可存活 1~3 个月。

发病（流行）特点

本病一年四季均可发病，尤其在潮湿、多雨、气温较高的季节和初春多发。鸭高度易感，在未免疫等不利情况下发病常呈暴发性，死亡率可高达 50%。成年鸭、青年鸭和高产鸭更易发。饲养管理不善、营养不良、气候突变和阴雨潮湿等均会促进本病发生。该病经消化道、呼吸道、破损的皮肤黏膜感染，感染禽排出病原污染环境特别是饲料和饮水等导致了本病的传播。

临床症状

本病自然感染潜伏期为 2~9 天，根据病程长短，一般分为最急性型、急性型和慢性型三种。

最急性型：常见于流行初期，多发于营养状况良好者和高产鸭，无明显症状，病鸭突然倒地，迅速死亡。

急性型：此型最常见，病鸭主要表现为发热，呼吸困难，羽毛松乱，尾翅下垂，缩头弯颈，有的病鸭两脚瘫痪，食欲减少或不食；口鼻流黏液，常张口呼吸，并甩头，企图排出积在喉头的黏液，故有"摇头瘟"之称；发生剧烈腹泻，排出腥臭的白色或铜绿色稀粪，有的粪便混有血液；喙和蹼发紫。病程为 1~3 天。

慢性型：常见于流行后期。有的发生慢性关节炎，关节肿大化脓、跛行；也有病例其掌部出现肿如核桃大、切开见有脓性或干酪样坏死的脓肿；呼吸道和胃肠道出现慢性感染炎症。病程可达几个星期，最后衰竭死亡。据报道，有些病例因脑部感染而出现斜颈症状。

剖检病理变化

最急性病例常无特征性病变。急性型病例以败血症为主要变化，病鸭皮下、气囊及胸腹腔浆膜和脂肪上有小出血点；心包内充满透明淡黄色渗出液，心包膜、心脏出血；气管可出血，肺呈多发性肺炎、间有气肿和出血；肝略肿大、质地变硬变脆，其上可见针尖状、灰白色的坏死点，这是本病的一个特征性病变；脾脏肿大，并有大量灰白色的坏死斑点；胰腺肿胀并有出血和坏死病变；肠道尤其是十二指肠严重充血和出血，肠内容物中可含血液。有的发病公鸭睾丸可能肿大，血管充血、淤血。有的发病母鸭卵巢可有明显出血，有的在卵巢周围有一种坚实、黄色的干酪样物质。

发生多发性关节炎时，主要可见关节面粗糙，附着黄色的干酪样物质或红色的肉芽组织，关节囊增厚，内含有红色浆液或灰黄色、混浊的黏稠液体。肝脏发生脂肪变性和局部坏死。

诊断

根据发病特点、临床症状和剖检病理变化可以作出初步诊断。确诊应无菌采集病死鸭心血、肝、脾等病料进行病原分离及鉴定。

主要防治方法

预防本病的主要措施是加强平时的饲养管理，使鸭群保持较强的抵抗力；实施全进全出、彻底清栏（塘水）消毒制度，严格执行定期消毒卫生制度，避免从有疫情的禽场引进鸭种。同时，在禽霍乱常发或流行严重的地区，应定期接种疫苗进行预防。

一旦发病可用青霉素、链霉素或磺胺类药物进行治疗。

4. 葡萄球菌病

本病是由金黄色葡萄球菌引起的、多种禽类均可被感染的一种急性或慢性、临床表现形式多样的传染病。该病菌对外界抵抗力较强，在干燥脓液或血液中能生存2~3个月，但可被常用消毒药杀灭。

发病（流行）特点

金黄色葡萄球菌广泛存在于环境中，鸭舍内的空气、地面以及鸭的体表、鸭蛋表面、鸭粪中都可有本菌存在。鸭子通常因皮肤、黏膜特别是蹼或趾被划破而感染发病，呼吸道、消化道及雏鸭脐部感染也是常见的途径。该病一年四季均可发生，一般情况下发病率不高，但在环境如孵化室或种蛋严重污染等情况下，则发病率可能很高，且在高温、多雨、潮湿的夏季多发。各种日龄的鸭均可感染本病。雏鸭感染后，多呈急性败血症，有很高的发病率和病死率；成年鸭感染后，多引起关节炎，病程较长。管理不当、营养缺乏或者感染其他疾病可诱发本病。

临床症状及剖检病理变化

由于葡萄球菌感染部位不同，临床上可将其分为关节炎型、脐炎型、皮肤型、趾蹼型、眼型等，但各型均可引起全身性败血症。

关节炎型：多发生于青年鸭、成年鸭。病鸭多为趾、胫、跗关节发炎肿胀，触诊发热，有波动感。病鸭不愿走动、跛行。剖检肿胀关节可见皮下水肿、关节液增多、滑膜增厚、充血或出血、在关节囊内或滑液囊内有浆液性或纤维素性渗出物、发病后期变成脓性渗出物或黄白色干酪样坏死物，病鸭逐渐消瘦衰弱而死亡。

脐炎型：常见于刚出壳不久的雏鸭，可造成大批死亡。病雏鸭精神委顿、怕冷聚堆、不愿走动；脐部坏死、肿胀，腹部膨大，卵黄吸收不良，稀薄如水，并具有腐败气味。

皮肤型：多见于2~8周龄的鸭。病鸭多因皮肤外伤感染引起，严重的表现为精神不振、羽毛松乱、减食嗜睡；胸腹部、大腿内侧皮肤呈坏死性炎症，皮下组织炎性肿胀，患部皮肤呈蓝紫色，有的脓肿破溃，流出黄棕色或棕褐色液体；随着病情的发展，病鸭可出现全身败血症，最后衰竭而死。病鸭患部皮下有出血性胶冻样浸润，呈黄棕色或棕褐色，有的病例也有坏死性病变；有的在喙部发生感染性脓肿。

趾蹼型：多见于成年鸭。这是常见的一种葡萄球菌病，常为外伤感染引起，表现为趾蹼上形成脓肿，或趾蹼肿胀、坏死溃烂，或皮肤增生、结痂、龟裂等病变；病鸭多跛行。

眼型（结膜炎）：病鸭眼睑肿胀明显，分泌物增多，并且随着病情的发展，眼睛肿至黏合、失明，最终由于不能采食而饿死或衰竭死亡。

有的病例，病鸭胸部红肿，皮下龙骨发生浆液性滑膜炎，胸骨部皮下组织充血、红肿，有浆液渗出，并呈胶冻样浸润；有的发生腹泻；有的可能会引起公鸭阴茎感染发炎、充血、肿大甚至脱出。

各型感染引起全身败血症的病例可出现肝、脾肿大，其上有灰白色的点状坏死灶等病变，有的脑壳上有面积大小不一、呈红色或紫红色的充血、出血病灶。

诊断

依据该病的流行特点、临床症状和相应的病理变化，可以作出初步诊断。无菌采取病变组织进行病原分离鉴定可确诊本病。

主要防治方法

预防本病的关键是要加强饲养管理，实施定期清场和全进全出、彻底清栏清池水和彻底消毒的管理方式。运动场及鸭舍内要清除铁钉、铁丝、破碎玻璃等尖锐异物及细丝线、棉线等，防止鸭掌被刺破或鸭腿被缠绕受伤而感染。发现鸭子皮肤损伤，应及时用碘酒或紫药水涂擦患处，防止感染。

对于无治疗价值的发病鸭应及时淘汰、无害化处理。对局部感染者，必要时可进行治疗处理。发病率较高时，可考虑全群给药，可选择本鸭群未使用过的庆大霉素、青霉素或磺胺类药物，最好是根据药敏试验结果选择敏感抗菌药物进行治疗。

5. 禽沙门氏菌病（禽副伤寒、禽伤寒与鸡白痢）

禽沙门氏菌病是由沙门氏菌属的细菌引起的多种禽类急性或慢性传染病，根据感染细菌种类不同可分为鸡白痢（由鸡白痢沙门氏菌引起）、禽伤寒（由禽伤寒沙门氏菌感染引起）、禽副伤寒（由鼠伤寒沙门氏菌等其他多种血清型引起）等三种病型，其中禽副伤寒为多见，并且引起该病型的沙门氏菌能感染各种动物和人类。禽沙门氏菌抵抗力较强，75℃需5分钟才死亡，-10℃环境中经115天仍能存活，在干燥的沙土中可生存2~3个月，在干燥的排泄物中可保存4年之久，但在0.1%升汞溶液、0.2%甲醛溶液、3%苯酚（石炭酸）溶液中15~20分钟即可被杀死。

发病（流行）特点

各品种鸭均可感染发病。1~3周龄的雏鸭最易感，且呈流行性发生，死亡率为10%~20%，严重时达80%以上。成年鸭多呈慢性或隐性感染，感染后其肠道内、种蛋外壳、种蛋内均长期带菌。病鸭、带菌鸭和带菌种蛋是主要传染源。该菌既可经蛋垂直传播，又可通过污染的饲料、饮水、垫料、用具、人员、鼠类等媒介传染。鸭舍的卫生和饲养管理不良会增加该病的发病率和死亡率。

临床症状及剖检病理变化

各种病型的临床症状与病理变化总体相近。

禽副伤寒：经垂直传播或孵化器感染的雏鸭常呈败血症经过，不表现症状即迅速死亡。雏鸭水平感染后常呈亚急性经过，病鸭呆立、精神不振、食欲不良、昏睡聚堆、两翼下垂、羽毛松乱，排绿色或黄色水样粪便或糊肛，喘气、颤抖及眼睑水肿，常猝然倒地死亡，故有"猝倒病"之称。有的病鸭侧翻倒地、头脚乱划，甚至出现角弓反张。病程长的病鸭消瘦，最后衰竭而死。成年鸭感染后一般不表现症状，偶见下痢死亡。有些病例可出现关节炎。剖检急性死亡的雏鸭可见肝脏肿大、充血，并常有条纹状和点状出血或坏死灶，卵黄吸收不良并凝固，肺和肠道可有出血性炎症。病程稍长者，有的肝脏肿大呈青铜色，或者肝上有大量针尖大的灰色坏死点；肠道包括盲肠的黏膜增厚，肠壁上有密集的黄白色坏死点，肠黏膜充血或出血，并呈糠麸样坏死；盲肠肿大或同时又出血，内有干酪样质地较硬的栓子；脾脏充血肿大，呈暗紫色。

禽伤寒与鸡白痢：这两种病型的表现基本一致。病雏表现为精神不振、怕冷聚堆、羽毛逆立、翅膀下垂、食欲废绝；排白色黏稠粪便，肛门周围羽毛有石灰样粪便粘污；有的因出血性肺炎而出现呼吸困难。孵出的苗鸭体弱者较多，脐部发炎，可造成大批死亡。出壳后的雏鸭 1~3 周龄易感性最高，死亡率高低不一，四周后死亡渐少；耐过鸭生长缓慢、消瘦、腹部膨大。剖检急性死亡病雏可见肝脏肿大、充血，并常夹杂着条纹状出血，胆囊肿大、充盈胆汁，肺可出血；病程较长时，某些病例肝脏出现点状出血或坏死，肾肿大、充血，输尿管充满白色尿酸盐而扩张，盲肠肿胀或同时出血或点状坏死并内有干酪样栓子且有时有血染，卵黄吸收不良，未吸收的卵黄干枯呈棕黄色奶酪样。成年鸭感染后可出现产砂壳蛋、卵巢发炎和变性、卵子破裂等，并可引起卵黄性腹膜炎。发生鸡白痢的病鸭，其心肌、肺、肌胃、肠管等部位可见隆起的灰白色坏死结节。发生禽伤寒的雏鸭病程很短，剖检变化为心包出血、脾稍肿以及肺和肠道有炎症。亚急性和慢性病例的一些病鸭肝脏肿大呈青铜色。

诊断

根据该病流行特点、临床症状、剖检病变等可作出初步诊断，确诊应无菌采集急性期的血液或者病肝组织等送实验室进行细菌分离鉴定。

主要防治方法

本病应采取综合性的防治措施。首先应加强和改善养鸭场的环境卫生，采取全进全出、彻底清场消毒的养殖方式，对嬉水池定期更换清水和带水消毒，防止场地和器具污染沙门氏菌；其次是要加强鸭群的饲养管理，提高鸭群的抵抗力；最重要的是及时收集种蛋，清除蛋壳表面的污物，入孵前应熏蒸消毒，对可疑沙门氏菌病鸭所产的蛋一律不作种用。本病目前尚无有效的疫苗。对种鸭群，应定期反复用平板凝集试验进行检测，及时淘汰阳性和可疑鸭，使鸭群达到净化。

鸭群一旦发生禽沙门氏菌病，应及时选用不常用的抗菌药物或根据药敏试验选择敏感药物进行治疗。

6. 坏死性肠炎

坏死性肠炎（NE）又称烂肠症，主要是由魏氏梭菌（产气荚膜梭状芽孢杆菌）引起的一种急性传染病，以急性死亡和肠道黏膜坏死为特征。

该病菌形成芽孢后抵抗力较强，一般消毒药须长时间作用才能将其杀死，可被作用较强的 20% 漂白粉、3% 氢氧化钠在短时间内杀灭。

发病（流行）特点

在正常的动物肠道内可有魏氏梭菌，它是多种动物肠道的寄居者，是条件性病原菌，因此粪便内就有此菌存在，通过粪便它可以污染土壤、水、灰尘、饲料、垫草、一切器具等。本病一年四季均可发生，常以散发为主，也有群发性，发病死亡率可达 10% 以上。鸭群受各种应激因素如免疫接种、恶劣的气候条件等刺激后更易发病。

临床症状及剖检病理变化

病鸭精神沉郁，食欲明显下降，不能站立，产蛋急剧下降；下痢，排红褐色或黑褐色焦油样粪便，粪便中或见有脱落的肠黏膜。

剖检病死鸭可见肠道极度肿胀臌气，呈灰褐色或暗紫色外观，内容物乌黑；十二指肠黏膜出血。疾病后期可见空肠和回肠黏膜表面等覆盖一层黄白色恶臭的纤维素性渗出物和坏死的肠黏膜；食道膨大充盈，腺胃黏膜脱落，肌胃发炎，胃内容物腐败变质或同时呈黑色；肝脏肿大呈浅土黄色，肝脏表面有大小不一的黄白色坏死斑点；脾脏肿大呈紫黑色。

诊断

根据发病特点、临床症状及典型的剖检病变可作出初步诊断。确诊应无菌采集发病鸭心血、肝及肠道送实验室进行病原分离和鉴定。

主要防治方法

预防工作重在加强饲养管理，采用全进全出、彻底清场（池水）消毒的饲养方式，实行制度化消毒工作，正确使用抗生素，防止肠道菌群紊乱，可应用微生态活菌制剂维持消化道正常菌群的生态平衡，以免产气荚膜梭状芽孢杆菌在肠道中过度繁殖。

对发生坏死性肠炎的鸭群，按照药物使用说明书规定剂量在饮水中加入硫酸新霉素或在饲料中加入氟苯尼考（或乳酸环丙沙星），连喂 5~7 天。对重症病鸭每只肌注青霉素（5 万单位）和链霉素（4 万单位），每天

2次，连用2~3天。

7. 鸭变形杆菌病

鸭变形杆菌病是由变形杆菌引起的一种传染病，是造成小鸭死亡和商品肉鸭胴体废弃的重要原因之一。

发病（流行）特点

变形杆菌在自然界分布很广，存在于土壤、污水和垃圾中，在动物肠道内也经常存在，在一定条件下可成为条件致病菌，所以本病属于条件性疾病，环境卫生差、饲养密度高、通风不良等均可促发本病。本病多发于3~30日龄雏鸭，感染途径主要是呼吸道以及脚蹼受伤、肌肉注射等，不同品种鸭发病率和死亡率差异较大，自然感染发病率一般为20%~40%，有的鸭群可高达70%，病死率为5%~80%。感染耐过鸭多转为僵鸭或残鸭。有时并发或继发于其他传染病。

临床症状

感染发病鸭临床表现为精神沉郁、蹲伏、缩颈、步态不稳和共济失调等神经症状；张口呼吸、咳嗽、打喷嚏；水样腹泻，粪便稀薄呈绿色或黄绿色。随着病程的发展，部分病鸭转为僵鸭或残鸭，表现为生长不良、极度消瘦，瘫痪。

剖检病理变化

剖检可见喉头和气管黏膜发炎、出血，并积有血色泡沫状黏液，支气管内积有黄色脓性黏液，肺出现性状不一的充血、出血或渗出等炎症。最明显的病变为纤维素性气囊炎、心包炎、肝周炎。可见气囊发炎混浊、粗糙，并可有不同性状的纤维素渗出物；心包发炎、增厚，附着形态各异的纤维素性渗出物；肝脏肿大，并黏附大量黄白色纤维素膜。有的病例为脑膜炎，有的则为肠道黏膜坏死脱落。

体表局部慢性感染的病鸭，在屠宰去毛后可见局部肿胀，表皮粗糙，颜色发暗，切开后见皮下组织出血，有多量渗出液。

诊断

根据流行特点、临床症状和剖检病变作出初步诊断。确诊应无菌采取病死鸭的心血、肝脏等病料送实验室进行细菌分离鉴定。

纤维素性炎症与雏鸭大肠杆菌病、鸭传染性浆膜炎、衣原体病等相似，应注意鉴别。

主要防治方法

首先要加强卫生管理。应经常更换垫料、清理浮土，保持养殖场地清洁卫生，保持通风和干燥，降低饲养密度，实施全进全出、彻底清场（池水）消毒措施，也要注意育雏室的卫生条件。治疗本病应根据细菌的药敏试验结果选用敏感的抗菌药物。

8. 水禽慢性呼吸道病（水禽传染性窦炎）

水禽慢性呼吸道病又名水禽支原体病、水禽传染性窦炎，是由鸡毒支原体（MG）感染引起的鸡、鸭、鹅均可发病的一种局灶性疾病。该病以鼻窦炎、结膜炎和气囊炎为主要病症。该病原抵抗力不强，对热敏感，但在低温条件下可存活数年，可被甲醛、酚类等常用消毒剂杀灭。

发病（流行）特点

本病一年四季均可发生，但以秋末冬初和春季多发。主要发生于2~3周龄的雏鸭，发病率可高达80%，死亡率为1%~2%，严重发病鸭群发病率可达100%，死亡率可高达20%~30%，成年鸭较少发病。该病的传染源为病鸭和带菌鸭，空气被污染后常经呼吸道感染，也可能经污染的种蛋垂直传播。雏鸭孵出后带菌，育雏舍温度过低、空气混浊、饲养密度过高、饲养管理不善及各种应激因素均可降低机体的抵抗力，很容易导致本病的发生。

临床症状

病鸭病初打喷嚏，头部一侧或两侧眶下窦部位呈球形肿胀，形成隆起的鼓包，触之有波动感；随着病程的发展，肿胀部位变硬；鼻腔发炎，从鼻孔内流出浆液性或黏液性分泌物，病鸭甩（摇）头。严重病鸭呼吸困难、咳嗽，随着每次呼吸发出"咕咕"的气管啰音，鼻孔周围有干痂，分泌物将鼻孔堵塞。有些病鸭发生结膜炎，眼睑肿胀，眼内积蓄浆液或黏性分泌物，病程较长时，眼睛会失明。病鸭很少死亡，常能自愈，但愈后生长发育缓慢，肉鸭品质下降，蛋鸭产蛋率下降。

剖检病理变化

病鸭眶下窦内经常充满浆液性或黏液性分泌物，窦腔黏膜充血增厚，有的蓄积多量坏死性干酪样物质。气囊壁附着大量白色泡沫样渗出物或混浊、肿胀、增厚，并出现干酪样渗出物。喉头、气管黏膜充血、水肿，有浆液性或黏液性分泌物附着。肺有黄色渗出物附着。

诊断

根据流行特点、临床症状和剖检病变可作出诊断。必要时可无菌采取眶下窦分泌物和气囊等病料送实验室进行病原分离鉴定。临床上常继发大肠杆菌病，应注意鉴别。

主要防治方法

加强鸭群的饲养管理，注意舍内清洁卫生，及时通风换气，做好冬季防寒保温工作，防止地面过度潮湿，饲养密度不宜过高，并饲喂全价饲料。实行全进全出、彻底清场（塘水）、严格消毒的制度，有条件的可空舍15天后才进苗鸭。鸡、鸭、鹅不可同养。一旦发现病鸭，应及时淘汰或隔离饲养。严重污染的鸭舍应彻底清场消毒后才引进雏鸭饲养。有此病的鸭场，可采用药物防治，如用泰乐菌素，按照药物使用说明书规定剂量加入饮水中自由饮用，连用3~5天。

9. 衣原体病（鹦鹉热、鸟疫）

衣原体病又名鹦鹉热、鸟疫，是由鹦鹉热衣原体引起的一种急性或慢性接触性传染病。在有并发症或逆境条件下，该病原体可引起大批发病，死亡率较高，从而造成严重的经济损失。本病是各种畜、禽和人类的共患传染病，人发病后表现的临床症状类似于流感，常并发肺炎，是养禽工人的一种职业性疾病。鹦鹉热衣原体对热较敏感,在高温下抵抗力不强,用5%碘酊、70%酒精或3%过氧化氢溶液消毒几分钟即可将其杀死。

发病(流行)特点

日龄不同的鸭对该病的易感性也不同,幼龄鸭易感,发病率为10%~80%,死亡率为0~30%,成年鸭一般呈隐性感染。在饲养密度过高、舍内通风不良、营养差等情况下或并发沙门氏菌病等病后,本病较易流行,病死率也增高。病鸭和带毒鸭是本病的传染源,其排泄物中含有大量的病原体,干燥后随风飞扬,通过空气经口或呼吸道造成感染;另外,本病还可通过吸血昆虫、啄伤传染,也可经蛋传染。

临床症状

幼龄鸭感染发病后,表现为精神沉郁,食欲缺乏或废绝,全身颤抖,步态不稳,共济失调;严重腹泻,排绿色水样稀粪,肛门四周羽毛粘有污秽物;常出现结膜炎和鼻炎,眼和鼻孔中流出浆液性、黏液性或脓性分泌物,眼周围羽毛粘连,时间稍长者结成干痂或脱落。随着病情的发展,病鸭消瘦,陷于恶病质状态,死前常见痉挛。成年鸭感染后产蛋率大幅度下降,种蛋出雏率也降低。

剖检病理变化

常见有眼结膜炎、角膜炎、鼻炎或眶下窦炎,鼻腔和气管中可见大量黏稠物,偶见有全眼球炎,眼球萎缩。全身性浆膜炎,气囊内有大量灰白色或灰黄色干酪样渗出物,气囊混浊增厚。肝、脾肿大,有坏死点。并可发生纤维素性心包炎、肝周炎,在心包、肝、脾表面常覆盖一层灰色或黄白色纤维素性薄膜。胸肌常萎缩。

诊断

本病与鸭传染性浆膜炎、鸭变形杆菌病、大肠杆菌病等鸭病有许多相似之处,仅从临床症状、病理剖检上不易鉴别、诊断,所以必须无菌采集病变气囊、肝、心包、脾等组织送实验室进行检验才能确诊,可采用涂片镜检、病原体分离、小鼠接种试验和血清学试验等方法。

主要防治方法

鸭的衣原体病目前尚无有效疫苗可以用来预防。因此，应避免与鸟、其他禽类等动物及其排泄物接触，控制一切可能的传染来源。应采取全进全出、彻底清场消毒的养殖方式，塘水应定期更换和消毒，饲养场地须经常清理和消毒。对发病鸭可拌服四环素类药物治疗，每千克日粮中加入土霉素0.2～0.4克，连喂1~3周；也可用青霉素治疗。由于人类也能感染该病，故在饲养、防治和剖检病鸭时，必须注意个人防护，并防止污染周围环境。

10. 禽曲霉菌病

禽曲霉菌病是由曲霉菌引起的一种鸭特别是幼雏鸭等多种禽类的急性或慢性传染性真菌病。本病主要侵害禽的呼吸器官，导致其气囊、肺发生炎症，并形成肉芽肿结节。本病的主要病原体是烟曲霉和黄曲霉，黑曲霉、青曲霉也有致病性。曲霉菌孢子对环境有很强的抵抗力，对化学药品也有较强的抵抗力，但可用甲醛、苯酚（石炭酸）、过氧乙酸和含氯制剂等消毒药进行消毒灭菌。

发病（流行）特点

本病的急性暴发主要见于雏鸭（4~12日龄），常呈群发性出现，发病率很高，可造成大批死亡，病死率可达50%以上；而青年鸭和成年鸭多为散发，有一定病死率。曲霉菌广泛存在于自然界，常污染垫草和饲料，其孢子可随空气传播，故鸭舍通风不良、舍内温度较高、潮湿等因素使垫料和饲料等发霉以及饲养密度高是本病暴发的主要诱因。梅雨季节是本病高发期。曲霉菌可穿透蛋壳感染鸭胚，出壳后的雏鸭进入被曲霉菌污染的育雏室48~72小时后即可开始发病死亡，4~9日龄时出现发病高峰，以后逐渐减少，至1月龄基本停止死亡；如果饲养管理条件差，则流行和死亡可一直延续到2月龄。健康鸭可由于吸入含有霉菌孢子的空气或采食发霉的饲料而经呼吸道或消化道感染。正值产蛋高峰期的鸭群发生本病可使产蛋率下降。

临床症状

日龄不同的雏鸭感染后发病率和病死率有所不同。急性型主要发生于3周龄以内的雏鸭，病鸭精神委顿，多卧地，食欲减退，不愿下水游动，即使驱赶下水也很快上岸。有的病鸭伸颈张口呼吸，后腹起伏明显，咳嗽，有时发生间歇性强力咳嗽并出现喘鸣声。病鸭喙、腿脚呈紫红色或发黑，后期腹泻、拒食，出现两腿麻痹症状，有时发生摇头、共济失调或头颈扭曲，有的出现角弓反张。病程一般在1周左右，快者3~5天死亡。慢性病例症状不明显，可出现喘气、下痢等症状，后逐渐消瘦死亡，病程10多天或数周。有的可侵害眼睛，引起结膜炎、眼睑水肿。

剖检病理变化

由于致病菌株、感染日龄的不同，其病理变化和病程长短也有差异，但肺部和气囊具有特征性的变化：气囊壁增厚、混浊，肺脏充血、出血、水肿与坏死，肺、气囊和胸腹膜甚至肝脏等其他多个器官上有霉菌斑点或发展为从针头至绿豆大、数量不等的坏死肉芽结节，结节呈灰白色或灰黄色，柔软而有弹性，有时可以相互融合成大的团块，直径达3~4毫米，切开结节可见似有层状结构，中心为干酪样坏死组织，含有大量菌丝体。慢性病例可有腹水；有的病例中也发现脾脏肿大、变硬，颜色苍白。有的皮下有局灶性曲霉菌感染斑。

诊断

根据发病特点、临床症状和剖检变化可作出诊断。必要时，可取气囊、气管、肺等干酪样坏死组织或由病变组织表面刮取霉菌斑置于载玻片上，加生理盐水，用大头针将组织或菌团撕开，压片镜检；如果组织碎块较硬，可改用1~2滴20%氢氧化钾溶液，并在火焰上微微加温后压片，用显微镜详细观察菌体形态。有条件的可进一步做病原分离鉴定。

主要防治方法

不使用发霉的垫料和饲料是预防本病的关键。育雏室土壤中可含有大量霉菌孢子，因此，进雏前必须彻底清场、换土和消毒，用甲醛熏蒸或用5%苯酚（石炭酸）消毒后再铺上垫料。雏鸭进入育雏室后，日夜温差不宜过大，应逐步合理降温，并设置合理的通风换气设备。在梅雨季节育雏时要特别注意防止垫料和饲料的发霉，垫料要经常翻晒，饲槽和饮水器要经常清洗，以防止霉菌生长繁殖。

本病目前尚无特效的治疗方法，但在清除发病因素的同时可试用制霉菌素治疗，剂量为每100只雏鸭50万单位加入饲料中，每天2次，连用2天；或口服1∶2000～1∶3000硫酸铜水溶液，连饮1周；也可饮用0.5%～1%碘化钾水溶液，连喂3～5天。

11. 家禽念珠菌病（鹅口疮）

家禽念珠菌病又称霉菌性口炎、白色念珠菌病、鹅口疮，是由白色念珠菌引起的多种家禽感染发病的一种霉菌性传染病，人也能感染发病。本病以上消化道黏膜发现黄白色的伪膜和溃疡为主要特征。该病原菌对外界环境和消毒药有很强的抵抗力。

发病（流行）特点

本病常呈散发，雏鸭比成年鸭更易发。病鸭和带菌鸭是主要传染源。病原可通过病鸭的分泌物、排泄物污染饲料和饮水，经消化道感染。白色念珠菌在自然界广泛存在，是健康畜禽消化道内的常在菌群，在正常情况下不会致病；但当滥用抗菌药导致微生态失调，或由于饲养管理不善、饲料配合不当、饲养密度过高等因素导致鸭的抵抗力降低时，可促使本病发生。本病也可通过被病菌污染的蛋壳而传播。

临床症状

雏鸭发病后精神委顿，被毛松乱，不愿活动，离群独处。因吞咽困难造成食欲减少或不愿采食，生长发育不良，严重病例逐渐消瘦以至衰竭死亡。有的病例呼吸急促，频频伸颈张口，呈喘气状，时而发出咕噜声，叫声嘶哑，濒死抽搐。

剖检病理变化

主要病变是在不同病程阶段可见到口、咽、食道等上消化道黏膜上有隆起的灰白色或灰黄色干酪样小点（在食道常呈纵向条索状排列）或为白色、黄褐色隆起的成片伪膜，撕去伪膜后可见红色的溃疡出血面。腺胃也常可出现类似食道上的病变或腺胃黏膜上有细小点状或豆粒大的灰白色干酪样结节。有的病例中相同病变还出现在气管黏膜上。

诊断

根据发病特点、临床症状和病理变化可作出初步诊断，确诊应无菌采集病变组织送实验室进行病原涂片镜检或进行培养分离鉴定。许多健康小鸭也常有白色念珠菌寄生，故在进行微生物检查时，只有发现大量菌落和病变时才有诊断意义。

主要防治方法

平时应加强饲养管理，改善环境卫生，防止饲养密度过高，经常通风，保持鸭舍环境干燥，提供清洁的饮用水。应采取全进全出、彻底清场消毒的方式。避免过多地使用抗菌药物，以防止鸭群消化道正常菌群失调。可用碘制剂、甲醛等消毒药定期对环境进行消毒。

本病常用制霉菌素治疗，按每 100 只雏鸭 50 万单位剂量加入饲料中，连用 2~3 天；或口服 1∶2000~1∶3000 硫酸铜水溶液，连饮 1 周。

（三）寄生虫病

1. 球虫病

本病是鸭子主要的寄生虫病，主要侵害鸭的小肠，引起出血性肠炎而致死亡；耐过的病鸭生长发育受阻，增重缓慢。临床上也发现有侵害盲肠的病例。

发病（流行）特点

多种球虫可引起鸭子感染发病，但多见为毁灭泰泽球虫和菲莱氏温扬球虫两种，特别是前种球虫毒力更强，二种常为混合感染。各种年龄的鸭都易感球虫，但对雏鸭危害更大，成年鸭则很少发病，但成为球虫的携带者和传染源。鸭的球虫感染率与饲养方式有很大关系。网上育雏，饲养条件好的一般不发病，但在2~3周转为地面饲养时，常严重发病，死亡率一般为20%~30%，最高可达80%。鸭的球虫病发病季节与气温和湿度有着密切的关系，以5~9月等湿热的月份里发病率最高。常年地面饲养的鸭发病日龄无规律。球虫病的传播介质是被病鸭或带虫鸭粪便污染的饲料、饮水、土壤或用具等，也可通过饲养管理人员机械性地携带卵囊而传播，鸭子因吃了被球虫孢子化卵囊污染的饲料或饮水等而感染。

临床症状

急性球虫病多发生于2~3周龄的雏鸭，于感染后第4天左右出现临床症状，表现精神委顿，缩颈，喜卧，食欲缺乏，行走时摇晃不稳，容易跌倒，严重病例甚至不能站立。病初拉稀，随后排暗红色血便，发病当日或第2~3天发生死亡，多数于第4~5天死亡。耐过的病鸭多在发病后的第6天逐渐恢复食欲，停止死亡，但生长受阻，增重缓慢。慢性型一般不显症状，偶见有拉稀，常成为球虫携带者和传染源。

剖检病理变化

毁灭泰泽球虫危害严重，剖检可见病鸭整个小肠呈严重的出血性、卡他性肠炎，外观浆膜面呈紫色斑驳状，肠壁肿胀增厚或坏死，肠黏膜上密布出血斑或出血点，有的见有红白相间的小点，有的黏膜上覆盖一层糠麸状或奶酪状黏液，肠内容物为红色乳糜样或胶冻状黏液。有的病例出现小肠肠管臌气增粗，出血不明显，但肠管壁上有散在的一个个小白色斑点。

菲莱氏温扬球虫致病性较弱，剖检可见回肠后部和直肠轻度出血，有散在的出血点，严重者直肠黏膜有弥漫性出血。

侵害盲肠的病例可见盲肠黏膜发炎增厚、粗糙、出血呈紫黑色，内有红色液体。

诊断

根据发病特点、临床症状、病理变化和查到虫体或虫卵而作出诊断。

可从病死鸭的肠道病变部位刮取少量黏膜和黏液放在载玻片上，与 1~2 滴生理盐水均匀混合，加盖玻片，用显微镜检查；或取少量病料做成涂片，用瑞氏液或姬姆萨氏液染色，在显微镜下检查。如见有大量圆球形球虫裂殖体或香蕉型的裂殖子并（或）有卵圆形的卵囊即可确诊。

主要防治方法

鸭舍应保持清洁干燥，定期清除粪便，防止饲料和饮水被鸭粪污染，饲槽和饮水用具等应经常消毒。实施全进全出、彻底清场消毒的制度，定期更换垫料和运动场地新土等。对于有本病存在的养殖场，在球虫病流行季节，当雏鸭由网上转为地面饲养或在地面饲养达到 12 日龄时，可选用预防球虫病的药物饲料添加剂混于饲料中喂服进行预防。

一旦发病，可用氨丙啉、氯苯胍、磺胺 –6– 甲氧嘧啶等抗球虫药按照药物使用说明书进行治疗。

2. 绦虫病

本病是鸭的常见寄生虫病，轻度感染可影响鸭的生长发育，严重感染时可导致鸭子死亡。病原主要是剑带绦虫、膜壳绦虫、片型皱褶绦虫等，虫体呈带状、扁平、分节片，不同的绦虫虫体长短不一，长的有数十厘米，短的仅为数厘米。

发病（流行）特点

绦虫的中间宿主为剑水蚤、蚯蚓，此外淡水螺可作为某些膜壳绦虫的中间宿主。鸭因吞食了中间宿主而感染，绦虫在肠内发育成熟。本病常为散发，主要侵害 2 周至 5 月龄的雏鸭，成年水禽也可感染，但症状一般较轻。温带地区多在春末与夏季发病。

临床症状及剖检病理变化

感染严重时，雏鸭表现出明显的全身症状。首先出现消化机能障碍，发生淡绿色水样下痢，可混有白色绦虫节片；食欲减退、到后期绝食，生长停滞，消瘦，精神委靡，不喜活动，离群，共济失调，腿无力，向后面坐倒或突然向一侧跌倒，不能起立，一般在发病后的 1~5 天死亡。

当大量虫体聚集在肠内时，可引起肠管阻塞；虫体代谢产物被吸收，可引起痉挛、精神沉郁、贫血与渐进性麻痹等症状并可致死亡。剖检病理变化主要为小肠发生卡他性炎症与黏膜出血，其他器官浆膜组织也常见有大小不一的出血点，肠道内有数量不定的绦虫寄生。

诊断

根据发病特点、临床症状、病理变化进行诊断，肠道内发现虫体或者粪便检查发现虫卵即可确诊。

主要防治方法

预防的重点是定期更换池水，保持池水新鲜，以免剑水蚤滋生。对感染绦虫的鸭，应有计划地进行驱虫，以防止散播病原。幼雏与成年鸭应分开饲养、放养。

驱虫可逐只按照药物使用说明书规定剂量一次性口服丙硫苯咪唑或吡喹酮；全群驱虫时，按治疗量混料喂服。

3. 组织滴虫病

本病是由组织滴虫属火鸡组织滴虫引起的以肝脏和盲肠坏死溃疡为特征的原虫病。本病主要发生于鸡，常被称为鸡"黑头病"，但目前发现鸭子也有感染发生。

发病（流行）特点

本病常为散发，但有资料认为，30日龄左右的番鸭易感，且病程呈急性经过，发病率高，死亡快。

临床症状及剖检病理变化

本病潜伏期为7~15天，患鸭表现为精神不振，行动迟钝，食欲减退或废食，排黄色稀粪。

典型病变主要在肝脏和盲肠。病死鸭肝脏肿大，表面有数量不定、淡黄色或褐色、圆形或不规则形、中央凹陷、边缘稍隆起的特征性坏死灶。盲肠浆膜和黏膜发生干酪样坏死或同时出血，在浆膜和黏膜面产生灰黄色、突出于表面的干酪样坏死物，或同时有紫红色出血灶，严重的在肠腔内形成干酪样栓子，整个盲肠肿胀，肠壁增厚；有的病例盲肠黏膜发生严重的坏死和溃疡而出现穿孔，引起腹膜炎；急性病例盲肠发生急性出血性肠炎。

诊断

根据发病特点、临床症状和特征性的剖检变化可作出诊断。确诊应进行实验室检验，可刮取病变肝组织或盲肠黏膜表面的黏液及粪便，放入适量生理盐水，混匀后取中上层悬液镜检，发现组织滴虫虫体即可确诊。盲肠病变应注意与盲肠球虫病的鉴别。

主要防治方法

预防本病重点是定期更换垫料和饲养场地的浮土，保持场地清洁卫生，实施全进全出、彻底清场和消毒的制度，雏鸭和成年鸭应分开饲养。本病发病较严重的养鸭场应定期对鸭群进行驱虫。

对发病鸭群的治疗，可按照药物使用说明书规定剂量将甲硝唑加入饮水中，连喂 7 天后停药 3 天再饮用 7 天；或者将异丙尼立达混入饲料中连用 7 天。

4. 住白细胞原虫病

引起鸭发生本病的主要是西氏住白细胞原虫，临床上以严重贫血、消瘦为特征。

发病（流行）特点

本病发生有明显的季节性，蚋属吸血蝇是本病传播媒介，所以多发于温暖潮湿的蝇等吸血昆虫活动频繁的季节。主要危害 3~6 月龄的鸭，发病急、死亡率高，本病暴发时死亡率可达 30% 以上，成年鸭发病者死亡率低，常成为带虫者。

临床症状

雏鸭呈急性发病，精神沉郁，无食欲，羽毛松乱，呼吸困难，伏地不动，有的在发病后 24 小时内死亡，后期消瘦、贫血，外表皮肤苍白。成年鸭很少呈急性发病，仅出现精神不振、食欲下降、产蛋量减少等症状，死亡率也低。

剖检病理变化

可见病鸭肌肉（胸肌、腿肌、心肌）苍白，并可有大小不一的出血囊点，肝、胰腺、腺胃或肠道等内脏器官浆膜面有数量不一的出血小囊或白色小结节，肾严重出血常呈紫黑色，肝、脾肿大，血液稀薄。

诊断

根据发病特点、临床症状和病变可作出初步诊断，确诊应采取病鸭血液涂片，姬姆萨染色，镜检查找虫体，或从内脏、肌肉上采取小的结节压片镜检找虫体，亦可做组织切片查找虫体。

主要防治方法

预防本病重点是消灭蚋等昆虫传播媒介，切断传播途径。南方地区 4~10 月、北方地区 7~10 月是传播媒介活动季节，此时，可用 0.1% 除虫菊酯喷洒鸭舍及周围环境，每周喷洒 1~2 次以杀灭蚋等昆虫。

一旦鸭群发病，可用磺胺 –5– 甲氧嘧啶等磺胺类药物按药物使用说明书规定用量拌入饲料，连用 5~7 天。

5. 主要几种吸虫病

吸虫病是危害养鸭业较为严重的一类寄生虫病。吸虫有多种，但形态、结构多为背腹扁平，呈叶片状或舌状，偶有呈线状或圆柱状，表面光滑有鳞样小刺；随种类不同，虫体大小不一，长度为 0.3~75.0 毫米，体色一般为乳白色、淡红色或棕色；虫体前端有口吸盘通消化道，腹面有腹吸盘（为吸附器官）；虫体不分体节，多细胞，无体腔，缺肛门，消化系统简单，无循环，大多雌雄同体。引起鸭发病的常见为后睾吸虫、棘口吸虫、前殖吸虫、背孔吸虫、舟状嗜气管吸虫、嗜眼吸虫、东方杯叶吸虫、毛毕吸虫等。

发病（流行）特点、临床症状和剖检病理变化

吸虫病常为散发，但也可同时出现多个病例。因感染虫类不同，发病特点也不一样；因不同吸虫在鸭子体内寄生部位不同，引起疾病的临床症状和病理变化也不一样。

后睾吸虫病：本病一月龄以上雏鸭感染率最高，鸭因食入了含有后睾吸虫囊蚴的鱼类而感染，食入体内的囊蚴在鸭胆管内发育成虫并寄生，寄生的虫体数量不定，多的可达数百条，有的鸭胆管可被虫体充满。后睾吸虫有许多虫种，不同虫种的大小有差异，长为1~20毫米、宽为1毫米左右，呈叶片状或线状。感染该虫体后，病鸭表现为食欲下降、消瘦、在水中游走无力、缩颈闭眼、精神沉郁，严重时羽毛松乱、食欲废绝、呼吸困难、贫血、下痢，并引起死亡。剖检除胆管内可见到虫体外，还可见肝脏肿大并发生脂肪变性或坏死，胆管增生变粗；胆囊肿大，囊壁增厚，胆汁变质。病程长的发生肝硬化。

棘口吸虫病：这是一种人畜共患病，引起感染发病的虫种为卷棘口吸虫、宫川棘口吸虫等，鸭因食入了含有棘口吸虫囊蚴的鱼、螺、蛙等而感染，食入体内的囊蚴在鸭肠道内发育成虫并寄生。棘口吸虫寄生可引起肠黏膜发炎、出血和下痢，导致病鸭食欲缺乏、机体消瘦、贫血等；剖检可见肠道黏膜有出血病灶，肠内容物有大量黏液，黏膜上有大小为（7.60~12.60）毫米 ×（1.26~1.60）毫米的红色扁条状虫体。

前殖吸虫病：本病多见于春、夏两季，常呈地方性流行，华东、华南地区多发，但全国各地都有。鸭因食入了含有前殖吸虫囊蚴的蜻蜓幼虫和稚虫而感染，食入体内的囊蚴在鸭的输卵管和幼禽法氏囊、直肠（泄殖腔）内发育成虫并寄生，偶见寄生于蛋内。前殖吸虫有数种，虫体长有数毫米、宽也有1毫米以上，呈芝麻形或梨形。病鸭初期症状不明显，有的产薄壳蛋，随后食欲减退，机体消瘦，步态不稳；虫体附着在输卵管黏膜上，破坏壳腺、蛋白腺功能，引起蛋壳形成机能改变，蛋白分泌过多，从而产生各种畸形蛋（无卵黄蛋、无蛋白蛋、软壳蛋等），或从泄殖腔直接排出石灰质、蛋白质等半液状物质，并可引起输卵管炎（管内可见到虫体）、卵黄性腹膜炎，造成死亡。耐过鸭有一定的免疫力，再感染时虫体不侵害输卵管而随蛋白质进入蛋内，可在蛋的蛋清内见到虫体。

嗜眼吸虫病：本病由鸭食入了从螺类逸出的嗜眼吸虫尾蚴包囊而引起，食入体内的尾蚴在鸭的眼内发育成虫并寄生。因虫种不同，虫体长数毫米不等，宽从不足 1 毫米至 2 毫米以上，呈叶片状。感染可引起鸭结膜炎，出现流泪、眼睑水肿、结膜充血潮红等症状，同时有食欲下降、不安、摇头、用爪不断搔眼等表现，后期眼紧闭，眼内充满脓性分泌物，有的角膜混浊或溃疡，最终因失明而饿死。剖检可发现眼内有虫体。

鸭毛毕吸虫病：这是一种人畜共患病。本病是鸭食入了含有毛毕吸虫尾蚴的螺类而引起的，食入体内的尾蚴在鸭的肝脏等器官内发育成虫并寄生。因虫种不同，虫体长数毫米不等、宽均不足 1 毫米，呈线状。感染后病鸭出现食欲下降、消瘦、发育迟缓等症状；剖检可在肝门静脉和肠系膜静脉中发现虫体，严重时胰、肾、肠壁和肺中均能发现虫体和虫卵，有的肠黏膜发炎。

背孔吸虫病：本病是鸭食入了含有背孔吸虫囊蚴的螺类而引起的，食入体内的囊蚴在鸭的盲肠和直肠内发育成虫并寄生。因虫种不同，虫体大小不一，长为 2~5 毫米、宽为 1 毫米左右，呈长椭圆形。感染该虫体可导致鸭贫血和发育受阻。剖检除可见到虫体外，还可见肠黏膜损伤。

东方杯叶吸虫病：感染该吸虫发病后病鸭肠道严重肿胀，肠黏膜严重脱落，肠内容物为水样、米汤样，有腐臭气味，偶尔可在肠道内容物中见到卵圆形芝麻状、大小为（1.02~1.99）毫米 ×（0.90~1.52）毫米的半透明白色虫体。

舟状嗜气管吸虫病：本病是鸭食入了含有舟状嗜气管吸虫尾蚴的螺类而引起的，食入体内的尾蚴在鸭的气管内发育成虫并寄生。该虫体两端钝圆呈椭圆形，长 6~12 毫米、宽 2~5 毫米，呈暗红色或粉红色。感染的病鸭会不断地咳嗽及甩头，严重的出现伸颈张口呼吸，可因窒息而死；用多种抗生素治疗不见任何效果。剪开鸭的气管，可见黏膜上有多个肉色的虫体附着。

诊断

各种吸虫病的诊断方法基本一致：在观察临床症状和剖检变化后，剖检这些吸虫相应的寄生部位查到虫体即可确诊；也可通过检测粪便中的虫卵进行诊断。

主要防治方法

各种吸虫病的预防措施是搞好环境卫生，及时清理粪便，并将其堆积发酵，以杀灭虫卵。要按年龄分群饲养，推广幼禽舍饲。在吸虫病流行区域，应定期清塘（水）消毒，对鸭子每半月可用阿苯达唑按照规定剂量作一次预防性驱虫。不到不安全水域放养，不生喂有感染吸虫囊蚴的贝类、蝌蚪和鱼类、水草等。

治疗吸虫病的药物有多种。治疗后睾吸虫病、背孔吸虫病、前殖吸虫病等可用阿苯达唑或吡喹酮按药物使用说明书规定剂量口服。治疗棘口吸虫病，可用二氯酚或吡喹酮按药物使用说明书规定剂量口服。治疗嗜眼吸虫病，可用 75% 酒精点眼 4~6 滴杀死虫体。

6. 鸭棘头虫病

鸭棘头虫病是由棘头虫寄生于鸭的小肠所引起的寄生虫病。寄生于鸭的棘头虫有四种，即大多形棘头虫、小多形棘头虫、鸭细颈棘头虫和腊肠状棘头虫；其中最常见的是大多形棘头虫，雄虫长 9.2~11.0 毫米，雌虫长 12.4~14.7 毫米，呈纺锤形。

发病（流行）特点

大多形棘头虫的中间宿主是甲壳纲端足目的湖沼钩虾。成熟的虫卵随病鸭的粪便排出体外，被中间宿主湖沼钩虾吞食后，在其体内发育为感染性幼虫（棘头囊），鸭吞食了含有感染性幼虫的钩虾后，幼虫在鸭的消化道内逸出，约经一个月发育为成虫。鸭棘头虫病主要发生于 1 月龄以上的雏鸭，雏鸭感染大量棘头虫后常引起死亡。本病发生时常为散发。

临床症状及剖检病理变化

病鸭生长发育不良，精神不振，食欲减退，腹泻，消瘦，常排出含血黏液的粪便。虫体寄生于鸭的小肠前段，其吻突牢固地附着在肠黏膜上，可引起肠道黏膜出血，呈卡他性炎症，有时吻突埋入黏膜深部，穿过肠壁的浆膜层，甚至造成肠壁穿孔，继发腹膜炎；虫体固着部位的肠道黏膜严重出血，并出现溃疡，肠道黏膜上可见大量的黄白色小结节和出血点。

诊断

根据发病特点、临床症状、肠道内病变和见到成虫进行诊断。

主要防治方法

应加强鸭群的饲养管理，实行全进全出、彻底清场（塘水）消毒制度，幼鸭与成年鸭分开饲养；在流行本病的鸭场，应经常进行预防性驱虫。病鸭可用四氯化碳驱虫，按每千克体重 0.5 毫升的剂量用小胶管灌服。

7. 螨虫病

鸭的螨虫病是鸭的一种体外寄生虫病，有资料认为，可有恙螨、鸡刺皮螨、突变膝螨等寄生于鸭的皮肤上，并吸取营养、损伤皮肤，导致鸭子皮肤发炎、发痒不安、营养不良等。螨虫形态因不同种类有一定差异，但多呈圆形或卵圆形，背腹略扁平，有头和躯体两部分，四周有长短不一的螯肢（刚毛），成虫体长在 1 毫米以上，幼虫不足 1 毫米。

发病（流行）特点

环境中存在螨虫是造成大量鸭子感染发病的主要原因。螨虫特别是成虫，除在鸭子身上寄生外，还可在环境中包括围栅、鸭巢木板缝隙以及堆积杂物中聚集。本病既有散发，也可出现群发性。

临床症状

病鸭贫血、消瘦。因患部奇痒常导致病鸭自啄患部皮毛，引起羽毛断裂、脱落，并使皮肤发生痘疹状病灶，病灶周围隆起；虫体寄生多时，发炎的皮肤布满了结节，皮肤粗糙增厚。突变膝螨因常寄生在腿部，故使腿脚皮肤发炎、结痂，呈鳞皮状。细致检查有时还可见到螨虫，当螨虫吸足血液后可在皮肤上见到红色小点。

诊断

根据临床症状，用凸刃刀片蘸上 50% 甘油后刮取病鸭翅膀、腿、腹部等患部发炎组织，放在显微镜下检查是否有螨虫存在而作出诊断。

主要防治方法

为预防本病，在多发的鸭场应定期用菊酯类杀虫剂喷洒鸭舍环境、用具等；实行全进全出、彻底清栏消毒制度，在使用前所有用具应清洗消毒。

一旦发现病鸭，要立即将其剔除隔离；对受螨虫侵袭的鸭群，应用杀虫剂按照药物使用说明书规定剂量稀释后进行药浴，药浴以鸭全身羽毛全部得到浸泡为度，但要注意避免其头部浸入药液，以防止吸入药物而中毒。

病鸭患部可用 20% 的硫黄软膏涂敷，如果患部有脓肿，可先用 5% 的苯酚（石炭酸）溶液涂擦，再用碘酊涂敷。对病鸭按药物使用说明书规定剂量口服或肌肉注射伊维菌素，间隔 5～7 天重复用药，多次用药才能彻底治愈。也可在饮水中加入电解质和口服补液盐，以减少应激，补充营养，防止继发感染。

用药须注意安全。

8. 鸭羽虱

鸭羽虱是寄生于鸭体表皮肤和羽毛上的体外寄生虫，常引起鸭子脱毛、羽毛折断等而发病，严重感染时还影响鸭的生产性能。虱子呈淡黄色或灰褐色，大小不一，长度由不足 1 毫米到 6 毫米以上，一般为 1～4 毫米，分头、胸、腹三部分，无翅，背腹扁平。虫卵则细小，需细致观察才可发现。

发病（流行）特点

各种日龄鸭都易感。雏鸭感染后生长发育受到明显影响，成年鸭耐受力强，危害程度轻。羽虱可寄生于鸭子全身各羽毛上，但主要寄生在头和颈部绒毛以及翅膀腹面的绒毛上。羽虱主要啃食宿主的羽毛和皮屑。羽虱发育分卵、幼虫、成虫三个阶段，均在鸭体表进行，终生不离禽体。成虫的产卵以胶质黏附于羽毛上孵出幼虫，幼虫经 3 次脱皮变为成虫。虱的寿命只有几个月，一旦离开宿主，它们只能存活数天。本病既有散发，也可出现群发性。多发于环境差和不下水活动的鸭子上。

临床症状

感染鸭群骚动不安，鸭有痒感而自啄发痒部位的皮毛，引起寄生部位皮肤发炎、粗糙、皮屑增多、羽毛折断和脱落等，继而引起贫血、消瘦、食欲不佳，产蛋鸭产蛋下降。仔细检查可发现鸭的皮毛上有移动的虱子。严重感染时，病鸭体质日衰，抵抗力降低，甚至引起死亡。

诊断

主要根据临床症状，并且在鸭体皮肤和羽毛上发现有虱或镜检到虱卵作出诊断。

主要防治方法

鸭场应采取全进全出、彻底清场消毒的养殖方式。鸭出栏后，应对鸭棚、鸭舍、场所进行彻底消毒杀虫一次，7 天后才进鸭苗。鸭苗进场前，宜先隔离检疫，若发现羽虱，则应淘汰；如要治疗可对鸭进行二次药浴，并且对苗鸭舍、苗鸭活动场所进行二次全面喷杀虫药，经治疗后检不出羽虱才可入场。

药浴杀虫可选用美曲膦酯（敌百虫）、双甲脒乳油剂、速灭菊醋乳油剂等，按照药物使用说明书规定剂量稀释后进行，药浴以鸭全身羽毛全部得到浸泡为度，但要注意避免其头部浸入药液，以防止吸入药物中毒；为提高治疗效果，宜连续治疗二次，中间间隔 7~10 天。在对鸭群进行治疗时，鸭舍、活动场所应同时喷洒药物杀虫，以防止重复感染。

应注意用药安全，特别是美曲膦酯（敌百虫）对鸭较敏感，雏鸭不宜使用。

（四）营养性疾病

1. 维生素A缺乏症

维生素 A 缺乏可导致鸭子角膜、结膜、气管、食道黏膜角质化，引起夜盲症、眼干燥症、生长停滞等病症。

发病特点

本病常为群发性。发生的原因常是饲料中缺乏维生素 A 等。导致饲料中缺乏维生素 A，常是添加量不足，或是鸭子患有慢性消化道病、肝病，妨碍了维生素 A 在肠道内的吸收，或是饲料存放时间过长使维生素 A 损失，或是鸭群长期少喂含有胡萝卜素的青饲料等的结果。

临床症状

雏鸭发生维生素 A 缺乏症时，生长发育严重受阻，增重缓慢甚至停止，病鸭表现为倦怠、衰弱、消瘦、羽毛蓬乱。由于骨骼发育受阻，病雏鸭运动无力，行走蹒跚，出现两腿不能配合的步态，继而发生轻瘫甚至完全瘫痪。鸭喙部的黄色素变淡，呈苍白色，无光泽。急性型病雏一侧或两侧眼流泪，并在其眼睑下方见有乳酪样分泌物，继而角膜混浊发白甚至呈干酪样，导致角膜穿孔和眼前房液外流，最后眼球干瘪萎缩下陷、失明，直至死亡。产蛋种鸭维生素 A 缺乏时，除出现上述眼睛的变化外，还出现消瘦，衰弱，羽毛松乱，产蛋量显著下降，蛋黄颜色变淡，种蛋出雏率下降、死胎率增加，脚蹼、喙部的黄色素变淡，甚至完全消失而呈苍白色的现象。种公鸭患此病则出现性机能衰退症状。

剖检病理变化

剖检病死雏鸭可见其消化道黏膜特别是口腔、咽部和食道黏膜出现弥散性点状隆起的白色坏死灶，坏死灶不易剥落，有的呈白色假膜状覆盖；呼吸道黏膜萎缩、变性，原有的上皮由角质化的鳞状上皮代替；眼睑粘连、内有干酪样渗出物；肾脏有尿酸盐沉积而肿大、颜色变淡，呈花斑样，输尿管内充满尿酸盐，严重时心包、肝、脾等内脏器官表面也有尿酸盐沉积。

诊断

根据发病特点、临床症状、剖检病理变化，并结合饲料化验可作出诊断。

主要防治方法

平时要注意饲料多样化，经常饲喂青饲料或添加禽用多维素。根据季节和饲源情况，冬、春季节以胡萝卜为最佳，其次为豆科绿叶；夏、秋季节为绿色蔬菜、南瓜等。一旦发现有维生素 A 缺乏症的病鸭，应尽快在日粮中添加富含维生素 A 的饲料，如在配合饲料中增加黄玉米的比例或补充维生素 A。必须注意的是，维生素 A 是一种脂溶性维生素，热稳定性差，在饲料的加工、调制、贮存过程中易被氧化而失效，故应防止饲料酸败、发酵、产热。

外源性维生素 A 在体内能够被迅速吸收，因此，及时治疗可取得良好效果。对发病鸭群,可在每千克饲料中添加 1 万单位维生素 A 进行饲喂；对个别病鸭可用肌肉注射鱼肝油 0.5~1 毫升 / 只的方法进行治疗。

2. 维生素B$_1$（硫胺素）缺乏症

维生素 B$_1$（硫胺素）缺乏会导致鸭子神经组织和心肌代谢功能障碍，病鸭主要表现出神经紊乱的症状。

发病特点

本病常为群发性。发病原因常是新鲜鱼虾采食过多或者饲料单一等，经常使用某些抗球虫药如氨丙啉等拮抗剂时亦可导致本病发生；长期使用抗菌药物使肠道菌群失调也会导致硫胺素合成、吸收减少。

临床症状及剖检病理变化

病雏鸭精神委靡，食欲下降，消瘦，羽毛蓬乱无光；腿软无力，步态不稳，行走时身体失去平衡，常跌撞几步后即蹲下，或跌倒于地上，两腿向前伸直；头有时偏向一侧，并出现团团打转、或漫无目的地奔跑、或突然跳起等各种神经症状，且常呈阵发性发作；有时在水中因病发作而被淹死。该病发作突然，一天可发作多次，且病情一次比一次严重，最后因全身抽搐呈角弓反张或其他神经症状而死。产蛋鸭发生维生素 B_1 缺乏症时病程较长，表现为采食减少、消瘦、羽毛蓬乱、步态不稳等，种蛋孵化率下降，且孵出的部分雏鸭常出现维生素 B_1 缺乏症的临床症状。

病死鸭可见皮下胶冻样水肿，肾上腺肥大（母鸭更明显）；胃、肠黏膜轻度炎症，十二指肠溃疡；心肌萎缩，右侧心腔扩张松弛；生殖器官萎缩。

诊断

根据发病特点、临床症状和剖检病变，一般可作出初步诊断。但确诊应通过对饲料的分析，也可进行治疗性诊断，即以维生素 B_1 针剂注射病雏鸭有明显的治疗效果。

在临床上本病与许多疾病相似，应注意鉴别。

主要防治方法

保证饲料中维生素 B_1 的含量。应妥善保存好饲料，防止霉变、受热，饲料不宜贮存太久；当雏鸭采食大量鱼虾类时，应在饲料中补充足量的维生素 B_1。同时，应注意抗球虫药物和抗菌药物的使用期限。

鸭群一旦发病，应及时调整饲料配方，增加富含维生素 B_1 的饲料，或每 50 千克饲料添加维生素 B_1 1~2 克，连用 7~12 天。对个别严重的病鸭也可肌肉注射维生素 B_1，雏鸭 1~2 毫克 / 只，成年鸭 5 毫克 / 只，每天 1~2 次，连用 5~7 天。

3. 维生素 B_2（核黄素）缺乏症

维生素 B_2（核黄素）缺乏会导致鸭子多种生理机能障碍，该病多发生于雏鸭，呈现脚趾卷曲和麻痹的典型症状，所以维生素 B_2 缺乏症又称卷趾麻痹症。

发病特点

本病常为群发性。维生素 B_2 为水溶性，鸭体内很少贮存，必须经常从饲料中获得，在常用的日粮配方中核黄素的含量不能满足要求是产生该病的主要原因。有的饲料配合不当也能引起鸭子对维生素 B_2 的吸收障碍；饲料发霉变质也会破坏维生素 B_2。

临床症状及剖检病理变化

病雏主要表现为消化机能混乱、生长缓慢、消瘦、贫血、衰弱、羽毛蓬乱、绒毛稀少，严重时出现拉稀。特征性症状是趾蹼向内卷曲似握拳状、不能站立，或以跗关节着地行走或瘫痪不起、两翅展开，最后衰竭死亡。病鸭虽有食欲，但因无法行走站立采食而被饿死或被踩而死。成年鸭主要表现为产蛋率及种蛋孵化率显著降低。

剖解可见坐骨神经和臂神经显著变粗；胃肠道黏膜萎缩，肠壁变薄，肠腔内有泡沫状内容物。

诊断

根据发病特点、临床症状和剖检变化可作出诊断，必要时可进行饲料中维生素 B_2 含量测定。

主要防治方法

在日粮中添加足够的核黄素，每千克雏鸭饲料中添加 3.6 毫克，育成鸭添加 1.8 毫克，产蛋鸭为维持健康和产蛋的需要应添加 2.2～3.8 毫克。饲料应多样搭配，比例适宜。在鸭饲料中添加富含维生素 B_2 的酵母、青绿饲料、鱼粉等。

鸭群发病后，应及时调整饲料配方，每 50 千克饲料添加 0.5～1 克维生素 B_2，连用 7～10 天。对于症状明显的病鸭，可用维生素 B_2 针剂注射或口服，每羽 2～3 毫克，连用 3～4 天。还要注意添加多维素，或者使用含有维生素 B_2 较多的饲料。

4. 维生素E或（和）硒缺乏

维生素 E 及硒缺乏症又名白肌病，是鸭因缺乏维生素 E 或（和）硒而引起的一种以肌肉营养不良、坏死为特征的营养代谢病。

发病特点

本病常为群发性。不同品种和日龄的鸭均可发生。维生素 E 为脂溶性维生素，饲料加工调制不当，或饲料长期储存、发霉或酸败，或饲料中不饱和脂肪酸过多等，均可使维生素 E 遭受破坏、活性消失，若用上述饲料喂鸭，则极易引起维生素 E 缺乏，同时也会诱发硒缺乏。如果饲料中硒严重不足，也同样能影响维生素 E 的吸收。

临床症状及剖检病理变化

发生缺乏症的病鸭表现为食欲下降，精神不振，拉稀便，消瘦等变化；成年母鸭的产蛋率下降；种公鸭生殖器官发生退行性变化，睾丸萎缩，精子数减少或无精。

日龄较大的鸭会发生肌肉营养不良症，剖检可见其全身的骨骼肌色泽苍白、贫血，胸肌和腿肌中出现条纹状或连片的灰白色坏死。心肌变性、色淡，呈条纹状坏死，有时可见肌胃也有坏死。日龄小的雏鸭常有渗出性的异常变化，主要表现为皮下胶冻样渗出。缺乏维生素 E 还会引起小雏鸭脑软化症，出现共济失调、头向后方或下方弯曲等症状，有的两肢瘫痪、麻痹，常在 1～2 天内死亡；剖检可见脑发生软化和肿胀，表面常见有小点出血。还有资料称，曾发现病鸭肝包膜下有积液，并在肝表面形成囊包或破裂。

诊断

根据发病特点、临床症状和剖检病变可作出初步诊断，确诊应结合饲料分析。

主要防治方法

为预防本病，应注意在鸭日粮中添加足够量的亚硒酸钠－维生素 E 制剂，通常每千克饲料中添加 0.2 毫克硒和 25 国际单位的维生素 E，禁止饲喂霉变、酸败的饲料。对于发病鸭群，可按每千克饲料中加入 0.2 毫克硒和 25 国际单位维生素 E 的方法进行治疗，同时应注意饲料中氨基酸的平衡。

5. 烟酸缺乏症

烟酸是组成辅酶的重要维生素,缺乏时可导致以口腔发炎、跗关节肿大为特征的营养缺乏病。

发病特点

本病常为群发性。常因饲喂以烟酸和色氨酸(可转化烟酸)含量很低的玉米为主要饲料,同时烟酸添加不足而引起。本病多见于幼鸭。

临床症状及剖检病理变化

发生烟酸缺乏的鸭口腔发炎,生长停滞,发育不全及羽毛稀少;后期腿部关节尤其是跗关节肿大,骨短粗,腿骨弯曲,腿关节韧带和腱松弛,跛行;成年鸭的腿呈弓形弯曲,严重时能致残。

诊断

根据发病特点、临床症状和病理变化结合日粮的分析,综合后可作出诊断。

主要防治方法

防止本病发生关键要确保饲料中含有足够烟酸。以玉米为主的日粮中应经常添加烟酸,一般每吨饲料中添加10~20克烟酸。对发病群应调整日粮中玉米的比例,添加烟酸或啤酒酵母、米糠、麸皮、豆类、鱼粉等富含烟酸的饲料,但关节肿大发病后期治疗效果很差。

6. 佝偻病(钙、磷及维生素D缺乏或比例失调)

本病是由于钙、磷及维生素D缺乏或比例失调引起的营养代谢病,病鸭主要表现为骨骼发育不良、变形,严重影响鸭的生产性能。

发病特点

本病常为群发性,可发生于圈养的各种日龄鸭群,但发病的迟早以及出现的症状则决定于种蛋内所含维生素D、钙和磷贮备量的水平以及雏鸭饲料中维生素D或钙和磷的缺乏程度。如果种蛋中缺乏维生素D或钙、磷,雏鸭日粮中又继续缺乏上述元素,则雏鸭在1周龄左右即可出现症状。

临床症状及剖检病理变化

雏鸭和青年鸭最初表现为生长缓慢；喙部色淡、变软，用手按压易扭曲；行走时步态僵硬，左右摇摆，或频频趴卧。产蛋鸭主要表现为产蛋减少，蛋壳变薄、易碎，时而产出软壳蛋或无壳蛋；逐渐双腿软弱无力，严重时发生瘫痪；在产蛋高峰期或春季配种旺季易被公鸭踩伤乃至死亡。关节增大，有些长骨变弯，形成"O"形腿。

剖检病变主要是腿部长骨骨质钙化不良，变薄变软，骨髓腔变大。跗关节或骨端粗大，骨质疏松。肋骨变软变形，呈结节状肿大、畸形弯曲等变化，严重的整个胸廓外观呈塌陷状态。

诊断

主要根据病鸭的症状、剖检病变和饲料分析进行确诊。

主要防治方法

平时应注意特别是圈养鸭和产蛋高峰期蛋鸭日粮中钙和磷的含量以及比例，同时因钙、磷的吸收代谢依赖维生素 D，所以也要保证饲料中维生素 D 的含量。

治疗发病鸭群，应检测分析日粮中钙、磷及维生素 D 的含量，按照不同饲养阶段全价饲料配方要求立即将这些成分调整到合理水平。对严重病鸭应分群隔离饲养，以防止挤伤造成死亡。

（五）中毒病

1. 黄曲霉毒素中毒

黄曲霉菌广泛存在于自然界中，在温暖潮湿的条件下，很容易在谷物（特别是玉米）、饼粕（如豆粕）以及其他饲草、饲料中生长繁殖，并产生黄曲霉毒素。鸭子常常因采食这些含有多量黄曲霉毒素的饲草、饲料而发生中毒。肝脏损害、腹水和神经功能障碍为该类病鸭的主要特征。

发病特点

不同日龄的鸭对黄曲霉毒素的敏感性不同，幼鸭比成年鸭更为敏感，特别是 2~6 周龄的幼鸭，中毒后死亡率可达 90%。成年鸭耐受性较强，一般为慢性经过。食入有毒饲料数量与发病率成正相关。本病在温暖潮湿的季节里多发。

临床症状

雏鸭中毒多呈急性，表现为食欲丧失、精神沉郁、啄毛、异常尖叫、步态不稳或跛行，喙、腿和脚由于皮下出血而呈淡紫色。死前出现共济失调、痉挛抽搐、身体倒翻、头脚乱划或角弓反张。慢性中毒的雏鸭主要表现为食欲减少、消瘦、衰弱、贫血，严重者呈全身恶病质现象。成年鸭中毒后多呈慢性经过，症状不明显，主要表现为精神沉郁、羽毛松乱、食欲减退或呈企鹅状行走（腹部膨大、两腿叉开）；产蛋鸭则产蛋减少、产蛋期推迟。

剖检病理变化

发生急性中毒时，病鸭腿部和蹼有严重的皮下组织出血，肝脏肿大、质地变硬、出血或（和）坏死，肝色泽变淡或呈淡黄、绿色，以左叶肝表现最为明显；肾肿大苍白或有小出血点；此外，亦可见胰脏、腺胃黏膜出血，脾脏发生变性肿大、质脆易碎。慢性中毒者，肝脏发生变性坏死继之纤维化、硬变、萎缩，胆囊扩张；并常可见心包积液和严重腹水，这是肝硬化的结果；病程一年以上的可诱发肝癌或（和）胆管癌，并可同时诱发其他脏器癌变。一些发病母鸭卵子发育严重受阻，卵子大小基本一致，有的可发生变性。胸腺和法氏囊萎缩。也有文献报道称，病鸭肝脏质地变硬，褪色，呈苍白色。

诊断

根据发病史、临床症状和病理变化等进行综合分析可作出初步诊断。确诊应通过实验室进行黄曲霉毒素测定。雏鸭病例临床诊断时应注意与鸭病毒性肝炎的鉴别。

主要防治方法

本病无有效治疗药物，应加强饲料保管，防止饲料发霉，严禁饲喂发霉饲料，尤其是发霉的玉米。若饲料仓库被黄曲霉污染，则要用甲醛熏蒸或用过氧乙酸喷雾消灭霉菌孢子；对污染的用具、禽舍、地面可用20％石灰水消毒或2％的次氯酸钠溶液消毒。一旦发现疑似黄曲霉毒素中毒的病例，则应立即停止饲喂含有黄曲霉毒素的饲料和饲草，并供给以富含维生素的青绿饲料和维生素A、D。对早期发现的可灌服绿豆汤、甘草水或高锰酸钾水溶液，以缓解中毒。

应注意，中毒病鸭或死鸭的器官组织中均含毒素，不能食用，应该深埋或烧毁；病鸭粪便中也含有毒素，应彻底清除，集中用漂白粉处理，以防止污染水源和饲料。

2. 肉毒梭菌毒素中毒症

本病又称为"软颈症"，是由肉毒梭菌毒素引起的一种急性中毒性疾病。肉毒梭菌毒素（肉毒素）是由肉毒梭菌产生的、神经毒素中毒力最强的一种毒素，1毫克纯毒素能致死1万人。鸭由于饮食了含有肉毒梭菌毒素的水、饲料或腐烂物质而引起中毒，主要以运动神经麻痹、头颈无力下垂、衰弱虚脱为特征。

发病特点

本病具有多群发性、发病突然以及病死率高等特点，多发生于温暖炎热的季节，因为在22~37℃范围内，腐烂的动植物中的肉毒梭菌才能产生大量毒素。食物中毒时，因毒素在饲料中分布不均，故不是吃了同批饲料的所有鸭子都会发病。该病潜伏期长短不一，取决于所吃含毒素食物的数量，一般由吃进食物到病症发作短的1~2小时，长的1~3天，若延长至1周，则耐过并可恢复。夏、秋季节，鸭群在抛有畜禽尸体的河流、湖泊、池塘、水渠中放牧，鸭吞食了这些尸体或尸体上含有毒素的蝇蛆而引起中毒；也有鸭群因饲食粪坑内的蝇蛆或腐败鱼虾而发病的病例。

临床症状及剖检病理变化

鸭子往往突然中毒发病，最初的症状是反应迟钝，不愿活动，精神委顿，嗜睡，食欲废绝，目光无神。麻痹从两腿开始扩展到头颈、翅膀和眼睑，麻痹的头颈软弱无力、向前垂地，常以喙尖触地支撑或以头部着地，翅下垂，两腿瘫痪，眼睑紧闭、外观似睡，有时误认为已经死亡；有的出现阵发性痉挛。死亡前出现昏迷，最后由于心脏和呼吸衰竭而死亡。

剖检病死鸭常无明显的眼观病变。

诊断

根据特征性的临床症状可作出初步诊断，可采集发病鸭的血清以及胃肠道冲洗物等送实验室进行毒素检测作出确诊。

主要防治方法

预防和控制本病的关键是清除环境中肉毒梭菌及其毒素来源，及时清除病死鸭。同时，应加强饲养管理，不让鸭群接触到腐败的动植物，尤其在夏、秋季需要特别注意，禁喂腐败的肉类、鱼虾以及粪坑内的蝇蛆。本病无特效的治疗药物，治疗效果不佳，一般对症治疗；也有人用胶管灌服硫酸镁溶液，每只成年鸭子用量为 2~3 克，并喂糖水，雏鸭用量酌减。用胶管投药时，要注意将鸭头仰高，以防止流体进入气管而发生异物性肺炎。

必须注意，该类病鸭或死鸭体内含有毒力很强的毒素，可使人畜死亡，故不管加工与否，这类病死鸭一律不准作为食用，而应将肉尸连同羽毛全部烧毁或深埋。

3. 磺胺类药物中毒

磺胺类药物是一类化学合成的药物，具有广谱的抗菌和抗球虫作用，临床上常用于预防和治疗多种细菌性疾病和鸭球虫病。对于家禽，此类药物的中毒剂量很接近治疗剂量，如磺胺嘧啶（SD）、磺胺二甲基嘧啶（SM_Z）、磺胺间甲氧嘧啶（SMM）等均易引起急性中毒。药物的主要毒副作用是引起尿酸血症、尿酸盐沉积、肾脏损害、中毒性肝病、血液病变、出血综合征、酸中毒、黄疸、过敏反应以及消化机能障碍等。这是较为常见的一种药物中毒性疾病。

发病特点

磺胺类药物种类很多，各种磺胺类药物对动物的毒性强度取决于其吸收程度和作用时间等。用药剂量过大或服用时间过长、添加于饲料中搅拌不匀、服用后未给予充足饮水等多种原因都可导致鸭子发生磺胺类药物中毒，严重的导致死亡。因磺胺类药物本身在体内代谢较为缓慢，不易排泄，故当肝、肾有疾病时更易造成体内的蓄积而导致中毒。1月龄以内的雏鸭因体内肝、肾等器官功能不全，对磺胺类药物的敏感性较高，故极易引起中毒。发病时多为群发性。

临床症状

急性中毒病鸭主要表现为兴奋、拒食、腹泻、痉挛、共济失调、麻痹等症状。慢性中毒常见于连续用药超过7天时的鸭子，表现为精神沉郁、食欲减少或消失、渴欲增加、贫血、生长受阻、黄疸，其他表现可有皮肤呈蓝紫色、羽毛蓬松、皮疹、拉暗红色稀便，并发全身出血性变化。引起肾脏病变的常排出带有多量尿酸盐的灰白色粪便。产蛋鸭产蛋率下降。

剖检病理变化

主要的病理变化以多个器官发生不同程度出血为特征。剖检可见皮肤、肌肉有出血斑点，常见胸肌呈弥漫性或漆刷状出血，大腿肌肉和脂肪组织上有散在鲜红色出血斑点。肝脏肿大，呈紫红色或黄褐色，有时有出血点。胆囊肿大，充满浓稠绿色胆汁。脾脏多肿大、淤血。病程稍长的，肾脏有尿酸盐沉积而肿大、色淡，呈花斑样；输尿管内充满尿酸盐。腺胃和肠道黏膜出血，肌胃角质层下有出血点。心包积液，心脏出血常呈漆刷状。血液稀薄，凝固不良。

诊断

根据临床症状以及各主要器官不同程度出血为特征的病理变化，结合用药史进行综合分析可作出初步诊断。对可疑的饲料和病鸭的组织进行毒物检验分析可确诊。

主要防治方法

选用磺胺类药物时要注意其适应症，严格按照药物使用说明书规定剂量和疗程使用，同类异名的药物不能同时使用，使用时间不宜过长，连续使用不能超过一周。加入饲料中的药物要混匀；同时在用药期间必须供给充足的饮水或同时饮用1%碳酸氢钠水溶液。2周龄以下的幼鸭和产蛋鸭应避免使用磺胺类药物。鸭群一旦出现中毒症状，应立即停药，尽量让其多饮水，并饮用1%碳酸氢钠和5%葡萄糖水溶液，连用3~4天。

4. 痢菌净中毒

痢菌净学名乙酰甲喹，是人工合成的广谱抗菌药物。鸭对该药物较敏感，使用剂量高于治疗量或长时间用药（超过5天）会引起不同程度的中毒或死亡。

发病特点

鸭群中出现部分鸭只中毒常是由药物拌料不均引起的，尤其是雏鸭表现更为明显。重复、过量用药也是常见原因。发病时多为群发性，用药后中毒往往突然发生，死亡率极高。中毒前期表现的症状不明显，一旦出现症状，后果往往很严重，可造成大批死亡。中毒症状持续时间特别长，有的甚至持续10天以上。

临床症状

鸭发生痢菌净中毒时，表现为体温下降、拒食、消瘦、呆滞，排黄白色或黄绿色稀便，羽毛蓬松无光，喙、爪及面部发绀，常出现喙或（和）脚蹼皮肤起泡、溃烂、变形、萎缩、上翻等光过敏样症状；有的头部皮肤也发生过敏样皮炎。

剖检病理变化

可见腺胃肿胀、糜烂、出血，有陈旧性坏死灶；肠道黏膜弥漫性出血、充血；肝脏充血、出血、变性，呈暗红色，质脆易碎，胆囊充盈；肾脏出血；心脏松弛，心肌出血等病变。

诊断

根据发病特点、临床症状和病理变化可作出初步诊断，确诊应采集肝脏、心血和饲料送实验室进行药物含量检验。临床诊断应注意与其他原因引起的光过敏症进行鉴别。

主要防治方法

本病无特效解毒药，主要以预防为主，关键是严格按照药物使用说明书要求合理使用痢菌净。发现有中毒现象，应该立即停止使用含痢菌净的饲料或饮水，淘汰症状严重病鸭，鸭群可饮用 5% 葡萄糖和 0.05%~0.1% 维生素 C 混合水溶液，连用 3~5 天。

5. 喹乙醇中毒

喹乙醇又名喹酰胺醇、快育诺、保育诺等，是一种化学合成剂，禽类对此药极为敏感，过量使用可导致鸭发生急性中毒或蓄积性中毒。因其有许多毒副作用，故目前国家已禁止在禽类中使用该药物。

发病特点

该病多为群发性。中毒常因用药量大、搅拌不均、饮水给药或长时间用药引起。有资料报道，鸭子一次口服喹乙醇 100 毫克 / 千克体重就会中毒。蓄积性中毒常在投药后 20 天左右出现零星死亡。中毒症状的严重程度与鸭日龄有关，日龄越小的中毒越深，症状表现越早，日龄大的症状出现推迟，但相同日龄的则以强壮、采食量大的个体首先出现中毒症状。中毒后的鸭群即使已经停喂含喹乙醇的饲料，死亡仍持续很长时间。

临床症状

中毒鸭的体温显著降低，精神沉郁，羽毛蓬松，常挤在一起取暖，低温季节症状更为明显。病鸭食欲减少或停食，口流黏液，腹泻；有的病例出现喙、腿脚发黑；有的病鸭出现翅膀等部位的大羽毛脱落。有资料报道，病鸭因腿肌神经麻痹而腿软，早期出现勉强以关节着地行走的异常姿势，后期完全瘫痪，常可见关节红肿。也有资料称，慢性中毒者可引起光过敏症，即出现上喙发炎、产生水泡、破裂、表皮脱离、萎缩变形上翻等表现。

剖检病理变化

病鸭口腔内有大量黏液，血液凝固不良并呈暗红色；肝淤血肿大、色暗红、质脆；消化道尤其是十二指肠、腺胃黏膜发生出血，肌胃角质层下有出血斑点，心冠状脂肪和心肌表面有散在出血点，心肌柔软，有的心包可积液；肾肿大质脆，并可出血。慢性中毒病例肝脏萎缩、肠道萎缩特别是回肠部位变细、变硬。产蛋鸭中毒还可出现卵子发育受阻、变形、出血呈紫葡萄状，输卵管变细等症状。

诊断

根据临床症状、剖检病理变化，结合有喹乙醇使用史等可作出诊断，必要时可对饲料中的药物含量进行检验分析。

主要防治方法

目前尚无有效的解毒药可用来治疗，预防措施就是不使用此药物。一旦发生中毒，应立即停药，并交替饮用0.1%~0.2%碳酸氢钠水溶液和3%~4%葡萄糖水溶液，以加强肾脏的排泄作用及肝脏的解毒功能，也可同时投喂相当于正常营养需要3~5倍的复合维生素或0.1%维生素C水溶液。

6. 呋喃类药物（呋喃唑酮、呋喃西林等）中毒

呋喃类药物是一类人工合成的抗菌药物，过去多用于防治畜禽的肠道感染及球虫病等。呋喃类药物主要有呋喃唑酮（痢特灵）、呋喃西林等。由于呋喃类药物的残留及明显的毒副作用，现在国家规定禁止该类药物在食用畜禽中使用。

发病特点

发病多为群发性。呋喃类药物安全指数低，家禽对该类药特别敏感，加之其治疗量与中毒量比较接近，故用药剂量过大、拌药不均匀、连续用药时间过长（2 周以上）或通过饮水途径给药等均可导致鸭子发生中毒。该类药物中，呋喃西林毒性最大，病鸭中毒后常不出现临床症状就死亡，幼龄鸭更易产生毒性。呋喃唑酮（痢特灵）进入鸭体内，经肾脏排泄缓慢，大约需一周时间，所以呋喃唑酮（痢特灵）用药剂量虽然不大，但连续使用时间超过一周也能引起蓄积中毒。

临床症状及剖检病理变化

中毒多呈急性经过，雏鸭发生呋喃西林中毒时，不出现临床症状就突然死亡。呋喃唑酮中毒主要损害鸭子的心脏，可引起腹腔积液，出现腹部膨大、站立或走路时两腿叉开等症状。

剖检可见腹水；心肌失去弹性，心室显著扩张，右心室或（和）左心室壁变薄；肝脏充血或出血、肿大；肾脏呈现不同性状的充血、出血并常肿胀；肺水肿；腺胃黏膜脱落；小肠黏膜充血等病变。

诊断

根据呋喃类药物使用史，并结合临床症状和尸体剖检病理变化可以作出诊断，必要时可对饲料中的药物含量进行检验分析。

主要防治方法

目前无特效解毒药，关键在于预防，严禁给鸭子使用该类药物。一旦鸭子发生中毒，应立即停止饲喂含有此药的饲料，并饮用 5% 葡萄糖溶液和 0.1% 维生素 C 混合水溶液等。

7. 有机磷中毒

有机磷是一类毒性较强的杀虫剂，种类较多，有甲胺磷、对硫磷、乐果、美曲膦酯（敌百虫）等，在农业生产和环境杀虫方面应用较为广泛，有时也用于鸭子寄生虫病的防治。鸭子吸（食）入过多有机磷后会引起以副交感神经过度兴奋为特征的中毒症，严重的甚至死亡。

发病特点

多见于放养的鸭群或正在用有机磷防治寄生虫的鸭群。导致中毒的原因可能是群鸭采食了喷洒过有机磷农药的农作物、青草等，或因有机磷农药保管不当污染了饮水和环境所致，或用有机磷驱虫药驱杀鸭体表寄生虫不当引起，或个别有人为投毒等原因。

临床症状

中毒常急性发作，有的突然死亡，多为病鸭发生神经、生理紊乱，主要表现为流涎、腹泻、瞳孔缩小、抽搐等胆碱能神经兴奋症状，有的可能还有呕吐样症状。病程稍长的表现为精神沉郁、不愿走动、食欲停止、大量流涎、流泪、下痢、瞳孔缩小，可视黏膜苍白，共济失调、两肢麻痹、两翅下垂，呼吸困难，肌肉震颤、抽搐等症状，最后死亡。

剖检病理变化

剖检无明显特征性病变，可见血液凝固不良、肺水肿、肝肿大等；食入性中毒主要表现为胃肠道黏膜充血、弥漫性出血、黏膜脱落、胃内有大蒜样气味等变化。

诊断

根据临床症状、胃内容物的气味以及毒物的调查情况可作出初步诊断，确诊应测定中毒鸭血液中的胆碱酯酶含量或取可疑饲料、胃内容物进行药物检验。

主要防治方法

保管好农药；禁止到喷洒过农药的地域放牧鸭群，防止鸭误食农药污染的稻谷、饮水；严格掌握有机磷驱虫药的使用剂量和方法。

对中毒较重的病鸭按照药物使用说明书规定剂量在大腿内侧肌肉注射硫酸阿托品和双复磷；对中毒较轻的病鸭只肌肉注射硫酸阿托品；对尚未出现症状的鸭每只可口服阿托品。根据病情应持续使用解毒药品，如上述药物可每隔1～2小时重复使用一次，直至痊愈。同时在饮水中加入葡萄糖、多维素和电解质。鸭群发病后应尽可能查清毒物来源，以防下次再中毒。

8. 食盐中毒

食盐（氯化钠）是家禽日粮中必需的营养物质，适量食入可增加饲料的适口性和增进食欲，满足机体维持体液渗透压和调节体液容量等生理需要。但食入过多就可引起食盐中毒，如湿料中含 2% 食盐就能引起雏鸭中毒，致死量为 2~5 克 / （千克·体重）。中毒症状以出现神经和消化系统功能紊乱等为主。

发病特点

发病多为群发性。幼小鸭对食盐的毒性作用更敏感，易中毒，病死率较高。中毒剂量因种别、个体、气候、饮水量及时间等不同有较大差异。引起中毒的主要原因是饲料中食盐含量过高或混合不均匀，或是加喂咸鱼粉等含盐加工副产品，或是饥饿的雏鸭大量吃入有盐类沉积的食槽底沟部饲料等。

临床症状

发病鸭精神沉郁，饮欲增强，大多行走困难或不能站立走动，两脚无力，甚至腿和翅膀麻痹瘫痪或倒地两脚朝天乱划动；常常头颈扭转，肌肉痉挛，下痢，呼吸困难，最后衰竭而死。有的腹部膨大、下垂，两腿叉开。

剖检病理变化

病鸭的上消化道内充满黏液，黏膜易脱落；腺胃和小肠有卡他性或出血性炎症；心脏扩张，心室壁变薄，心包积液，心肌出血；腹水；皮下组织和肺脏有水肿等。

诊断

根据发病特点、临床症状及病理变化结合食盐添加史可作出诊断，必要时应调查检测饲料中食盐含量、血浆或大脑组织（湿重）中钠含量进行确诊。

主要防治方法

预防本病发生的关键措施是：严格控制饲料中食盐的含量，并搅拌均匀，盐粒要细，保证供水不间断。发现可疑食盐中毒时，应立即停用可疑饲料和饮水，改换新鲜的饮用水和饲料；对已经中毒的，应间断地逐渐增加供给饮用水或淡糖水。

9. 有害气体中毒

常见的有一氧化碳中毒、氨气中毒、甲醛中毒，发病多为暴发性。

一氧化碳中毒： 主要发生在利用炭火加热的育雏室。尤其是在寒冷的冬天或早春育雏时，为保温而紧闭门窗、排气又不当，导致育雏室内一氧化碳浓度过高而引起雏鸭中毒，可造成大批死亡。雏鸭中毒初期表现为兴奋不安或精神沉郁，呼吸困难，步态不稳，有的蹲伏，有的趴卧在地，羽毛蓬松，缩颈，严重的头向后仰、抽搐、震颤、角弓反张、瘫痪、昏迷，喙等呈粉红色或樱桃红色。剖检可见肝脏呈樱桃红色，血液凝固不良，脑血管扩张充血变粗等。

氨气中毒： 常因饲养密度太高、通风不良所致，尤其在寒冷的冬天或早春为保温而紧闭门窗的情况下更易发生。中毒的鸭子表现为呼吸急促，流泪、眼睑水肿、眼结膜充血等。剖检可见喉、气管黏膜充血，并有黏稠的分泌物，肺水肿、充血等变化。

甲醛中毒： 常因在栏舍密闭用甲醛进行熏蒸消毒后，在未彻底通风排净舍内甲醛气体的情况下就把鸭子赶入而引起，或者因在鸭舍内直接喷洒甲醛消毒液过多、门窗又紧闭而发生。中毒鸭表现为眼睑水肿、发炎、流泪。剖检可见气管出血、口腔和气管黏膜上有坏死性伪膜斑、肺水肿等变化。

防治上述中毒发生的主要方法就是通风换气，采用柴（碳）火加热的育雏室排烟道设置要科学；发病鸭可饮用 5% 葡萄糖溶液和 0.1% 维生素 C 混合水溶液治疗。

（六）其他病

1. 中暑

中暑也称为热应激，是在高温、高湿的情况下，鸭的散热机制发生障碍、热平衡受到破坏而引起的一种急性疾病。如果发病后未能及时有效处理，可引起大批鸭死亡。

发病特点

发病多为群发性。夏季气温太高或者暴雨之后湿度增大，鸭在高温高湿的综合作用下会引起中暑。饲养密度过高、鸭舍通风透气性差、鸭的运动场所没有遮阴设施、饮水不足或者夏季水温升高等原因均可促进本病发生。

临床症状及剖检病理变化

中暑后鸭会出现体温升高、蹲伏不愿走动、精神沉郁、张口呼吸或伸翅散热等症状，随后会出现站立不稳、阵发性昏迷麻痹。发生中暑的产蛋鸭产蛋率显著下降。解剖病死鸭可发现血液不易凝固，脑膜充血，有时也可见心肌出血，肝肿大、出血甚至坏死，有的肺发炎、渗出，胸腔中可积液等。

诊断

根据发病特点、临床症状和剖检变化进行诊断，应注意与有关传染病鉴别。

主要防治方法

做好防暑降温工作可以避免中暑发生，具体措施包括：在鸭舍旁2~3米处种树或丝瓜、爬墙虎等藤蔓植物；在运动场所搭建凉棚或遮阳网；供给充足清洁的饮水，当气温超过29℃时，可以在饮水或饲料中添加电解多维或水溶性维生素；在盛夏日中高温时，水浅的嬉水池可能水温很高，此时应禁止鸭子进入水池；高温时段对鸭舍屋顶喷水、地面洒水，也可以用适当的消毒剂对鸭实行喷雾消毒。需要注意的是，采取这些措施的前提是通风良好，否则反而会增加舍内空气湿度。

当发现鸭出现中暑症状后，应立即将鸭转入阴凉处或搭建遮阴篷、遮阳网。对中暑的鸭可针刺其脚部血管进行放血治疗；也可用凉水慢慢淋鸭的头部，并用2%"十滴水"水溶液灌服4～5毫升；或者用鲜苦瓜叶、青蒿揉出汁灌服；亦可用藿香正气水，每瓶兑1千克水饮用或拌料0.5千克口服，连用3～5天。

2. 痛风

鸭的痛风是多种原因导致尿酸在体内大量蓄积，以致在关节、内脏和皮下结缔组织发生尿酸盐沉积而引起的一种蛋白质代谢障碍性疾病。临床上以行动迟缓、关节肿大、跛行、厌食、腹泻为特征，有时出现高的死亡率。

发病特点

本病发生多为群发性，主要发生于青绿饲料缺乏的寒冬和早春季节，不同品种和日龄的鸭都可发生，但临床上主要见于雏鸭。本病发生的原因较为复杂，主要是大量饲喂含核蛋白和嘌呤碱过高的肉粉、鱼粉等蛋白质日粮后产生过多尿酸盐，或因维生素A严重缺乏而导致代谢障碍，或服用磺胺类和抗生素药物过多，或重金属等中毒，或饲料中钙和镁含量过高等因素损害肾脏，导致尿酸盐排泄障碍导致；也可因鸭舍拥挤潮湿阴冷、日光照射不足、缺乏饮水等影响尿酸盐排泄而引起。

临床症状

鸭的痛风多呈慢性经过。根据尿酸盐沉积部位的不同可分为内脏型痛风和关节型痛风，有些病例可出现混合型痛风。

内脏型痛风：此型比较多见。发病初期无明显症状，主要呈现营养障碍的表现。病鸭精神不振，食欲减退，经常排出白色半黏液状稀粪，内含有大量的灰白色尿酸盐，肛门附近常粘有白色的粪污。患鸭不愿活动，也不愿下水，或下水后不愿戏水。病鸭日渐消瘦，贫血，严重者可突然死亡。产蛋鸭的产蛋量下降，甚至停产，种蛋的孵化率降低或死胚增多。此型痛风的发病率较高，有时可波及全群。

关节型痛风：此型在发病初期，病鸭健康状况良好，由于尿酸盐在多个关节内沉积，可使关节肿胀，引起跛行。后期关节处则形成硬而轮廓明显的、间或可以移动的结节，结节破裂后，排出灰白色干酪样尿酸盐结晶，局部出现出血性溃疡。有些病鸭翅、腿关节显著变形，活动困难，呈蹲坐或独肢站立姿势。

剖检病理变化

内脏型痛风：肾肿大、有尿酸盐沉积，呈现红白相间的花纹。输尿管变粗，管腔内充满石灰样沉积物，甚至出现肾结石和输尿管阻塞。有些病例输尿管内充塞着已经变硬的灰白色尿酸盐所形成的柱状物，将其取出易折断，并发出声响。严重病例在胸腹膜、心、肝、脾、肠浆膜表面、肌肉表面及气囊上布满白色尿酸盐斑块。有的脑膜上也有一层白色的尿酸盐沉积物。

关节型痛风：关节滑膜和腱鞘、软骨、关节周围组织、韧带等处有白色的尿酸盐晶状物。有些病例的关节面及关节周围组织出现坏死、溃疡。有的关节面发生糜烂。有的可形成结石样沉积垢，称痛风石。

诊断

根据饲喂过量的蛋白质饲料或长期使用对肾脏有损害的抗菌药物等病史，结合病鸭排出含有多量白色尿酸盐的粪便等临床症状和特征性病理变化可作出诊断。

主要防治方法

预防痛风的关键在于根据鸭只不同的生长阶段，按照营养标准科学合理地配制日粮，动物源性蛋白含量不能过高。添加充足的维生素、微量元素以及一定量的青绿饲料。供应充足的水，给予合适的光照，保持鸭舍通风和合理的饲养密度。抗生素和磺胺类药物的用量要准确，连续投喂的时间不能太长。

对发病鸭群，目前无特效的疗法，建议减少饲料中的蛋白质含量，避免使用含核蛋白的饲料，多喂青绿饲料，停止使用磺胺类药物。可使用一些促进尿酸盐排泄的药物，包括使用车前草、金钱草等中草药。也可饮用含 0.1%~0.5% 碳酸氢钠的水溶液，并加入适量的维生素 A、维生素 C 等，以改善肾脏功能。

3. 光过敏症

鸭的光过敏症是由于鸭食入了含有光过敏物质的饲料、野草（如大软骨草籽或阿米芹）及某些药物（如痢菌净），经阳光照射一段时间后而发生过敏的一种疾病。

发病特点

对鸭子实施放牧情况下，本病在夏天多见，因此时阳光充足、植物生长茂盛；或者在使用痢菌净等有关药物后发生。一般每天在太阳光下晒 5 个小时以上就发病，发病率可达 20%~60%，严重者高达 90%，具体与采食的光过敏物质或药物的数量和阳光照射时间有关。病鸭很少死亡。本病也有散发。

临床症状及剖检病理变化

本病的特征性症状是在鸭的上喙背侧出现水疱，水疱破溃、糜烂后结痂并留下疤痕；随着疤痕的收缩，上喙逐渐变形，边缘卷缩，有些病例上喙前端和两侧向上扭转或翻卷、缩短，有些病例的上喙只剩下原来的 1/4，舌头外露或坏死。病鸭初期表现为精神不振，食欲减退，上喙失去原来的黄色，局部发红，形成红斑，经 1~2 天发展成黄豆乃至蚕豆大的水疱，有些水疱连成一片，水疱破溃后，流出黄色透明水疱液，并混有灰白色纤维素样渗出物，再经 1~2 天形成褐色瘢痕或结痂，覆盖在上喙的表面，这个过程可如此反复几次，最后上喙表皮变厚，呈湿皮样，并与上喙分离，只要鸭群拥挤互相碰撞，便大块脱离，呈斑驳状，并发出一股腐臭味，最后形成疤痕并收缩。这样的病变过程也可出现在鸭的脚蹼上，使蹼上翻。

有的病例在头部大面积发炎，使头部皮肤表面粗糙不平、红肿或结痂。

有些病例初期一侧或两侧眼睛发生结膜炎，流泪，眼眶周围羽毛湿润或脱毛，病程后期眼睑黏合，失明。

诊断

根据鸭上喙和蹼上出现水泡和萎缩上翻等临床特征，结合分析查找饲料中是否含有光过敏性物质或有关药物可作出诊断。

主要防治方法

治疗本病目前尚无特效药物。当早期发现有少数鸭的上喙出现上述症状时，应立即停喂可疑含有光过敏物质的饲草或药物，并在一段时间内尽量少晒太阳。病例较少情况下，可采用对症疗法，如有眼结膜炎者，可用2%依沙吖啶（雷佛奴尔）溶液冲洗眼部；上喙及蹼有病变时可用甲紫（龙胆紫）或碘甘油擦患部等。

4. 普通感冒

本病是指由非病毒等生物类致病因素引起的以咳嗽、呼吸急促为主要症状的一种呼吸道疾病，中、后期往往造成呼吸道继发病毒或细菌感染而加重病情。

发病特点

本病以2~6周龄的鸭最易感，多发于初冬、晚秋等昼夜温差较大的季节。发病多为群发性。

临床症状及剖检病理变化

鸭群突然出现咳嗽、喷嚏、流鼻涕、鼻孔有黏液或同时出现甩头等呼吸道症状；病鸭流泪，眼有浆液性或黏液性分泌物，眼周围的羽毛粘连，怕冷聚堆。剖检可见病鸭鼻腔、喉头、气管、支气管黏膜充血，且有黏液渗出。

继发感染者，临床症状和病变可复杂化，同时会出现继发病原所引起的一系列症状和病变。

诊断

一般根据临床表现和发病特点进行诊断。

主要防治方法

加强饲养管理，保持环境卫生，寒潮来临时注意鸭舍保温，平时保证鸭舍通风良好，防止潮湿，勤换垫草，按规定消毒。

对发病鸭群可投服双黄连、清瘟败毒散等中草药剂，并使用抗菌药物添加剂以防继发感染，同时可在饲料中适当补充维生素 C，保持鸭群环境安静，以提高鸭子的抵抗力。继发感染后，应根据继发的疾病采取相应的措施。

5. 异食癖（啄癖）

异食癖是由于鸭子代谢机能紊乱、营养成分不全或饲养管理不当如密度过高等引起的一种复杂的综合征，有的也属于恶习，常见的有啄羽癖、啄肛癖等。

发病特点及临床症状

啄羽癖：鸭群在开始生长新羽毛或换毛时易发生本病。先由个别鸭自啄或互啄食羽毛，导致背后部羽毛稀疏残缺。然后，其他鸭子相互模仿、相互啄毛，很快传播开来，从而影响鸭子的生长发育和产蛋量。病鸭鸭毛残缺，新生羽毛根很硬。

啄肛癖：多发生于产蛋鸭，由于腹部韧带和肛门括约肌松弛，产蛋后肛门不能及时收缩回去而留露在外，引起同伴鸭好奇而啄之，随后鸭群相互模仿啄其肛；有的因疾病导致脱肛、泄殖腔外翻，也有的鸭子于拉稀、脱肛或交配后因同样原因引起其他鸭啄肛，造成群起而啄之，导致内脏脱出（被啄拉出来）甚至死亡。

主要防治方法

根据具体的病因采取相应的防治措施。一要改善饲养管理。消除各种不良因素或应激原的刺激，如疏散密度，防止拥挤；加强通风，保持室温适宜；调整光照，防止强光长时间照射，产蛋箱避开曝光处；饮水槽和料槽放置要合适；饲喂时间要合理安排，限饲日也要少量给饲，防止过饥；防止笼具等设备引起外伤。二要检查日粮配方是否达到了全价营养。找出缺乏的营养成分并及时补给：如蛋白质和氨基酸不足，则需添加豆饼、鱼粉、血粉等；若是因缺乏铁和维生素 B_2 引起的啄羽癖，则每只成年鸭每天给硫酸亚铁 1～2 克和维生素 B_2 5～10 毫克，连用 3～5 天；若暂时不清楚啄羽病因，可饲喂含 1%～2% 石膏粉的饲料，或是每只鸭每天给予 0.5～3 克石膏粉；若是缺盐引起的恶癖，则在日粮中按照 1%～2% 的比例添加食盐，供足饮水，待恶癖消失后停止增加食盐，食盐含量只可维持在 0.25%～0.5%，以防发生食盐中毒；若是缺硫引起啄肛癖，则应饲喂含 1% 硫酸钠的饲料，待啄肛停止以后，含量降低到 0.1%。

有啄癖的鸭和被啄伤的鸭要及时尽快剔出，隔离饲养与治疗。

6. 肿瘤性疾病

近来，受环境污染、变质饲料等多种因素的影响，鸭的肿瘤发生率呈增加的态势，虽然总体上还是呈零星发生，但见到的病例尤其在成年鸭子中越来越多见。这些肿瘤不仅引起鸭子的死亡、影响肉产品的质量，也可能关系到公共卫生安全，值得我们重视和研究。

发病特点

从目前掌握情况看，比较明确能引起鸭子肿瘤发生的原因有两种：一是长期采食含有黄曲霉毒素的饲料（黄曲霉毒素慢性中毒），二是感染网状内皮组织增生症病毒。除此之外，很多病因还不了解，如环境中化学、放射性物质等的污染以及长期使用药物和有关饲料添加剂，是否也是致病因素。有人认为，过去自然感染主要发生于鸡的禽白血病病毒，也能感染引起鸭子发生肿瘤。鸭子感染网状内皮组织增生症病毒或禽白血病病毒的途径，是鸭子接触到带毒鸡发生自然感染还是接种了被这些病毒污染的疫苗引起的，目前还未明确。

临床症状及剖检病理变化

患有这些肿瘤病的鸭子，外观症状不明显或没有特征性的变化。病重时可能出现消瘦、精神沉郁、食欲下降、虚弱、慢性死亡等一般性症状。也因肿瘤数量和发生部位不同而表现不同症状，如有的腹腔中肿瘤很大或引起腹水时，外观腹部膨大；发生卵巢肿瘤时，产蛋下降或停止。由于原因多种，剖检变化也不一致，肿瘤的表现形式也多样，而且肿瘤出现的部位各异。从表现形式上看，有的肿瘤呈局部肿块型，在器官组织表面形成圆形隆起的、大小不等的、与周围正常组织有明显界限的一个个肿瘤；有的呈弥散性、细小结节状，不计其数、均匀分布于器官实质中，使整个器官出现肿瘤病变而肿胀；有的肿瘤结节集中在一起，呈菜花状。从性质上看，有的肿瘤组织似肉样，呈乳白色；有的为血管瘤，呈紫色。从生长的部位看，常在肝、脾、肾或卵巢上出现，有的在肠道发生，有的能在胸腹膜或心脏上见到，有的只在某个器官上生长，有的在全身多个部位同时可见。有的因肿瘤膨大导致内脏破裂或血管瘤破裂而引起大出血。

诊断

为查明一些发病原因，可采集病料送实验室进行相关病毒的分离鉴定。

主要防治方法

对于肿瘤性疾病，由于其病因复杂而且还有许多不明确，所以还难以采取针对性的防治措施。但是，依据现有掌握的资料应采取的措施是：在饲养过程中应避免采食发霉变质的饲料，确保栏舍通风干燥以防止垫料发霉，防止选用的疫苗被污染，避免与鸡接触或混群饲养，避免长期使用药物，同时，应定期清栏消毒。

对患有肿瘤的鸭子，应淘汰销毁作无害化处理。

附录 养鸭场（户）确保鸭群健康安全的综合防疫技术

引起鸭只发病的直接原因是病毒、细菌、寄生虫等病原以及毒物和缺乏某些营养因素等，而间接的因素或者说诱因常常是人为造成的。虽然，按照防疫制度开展了规范的免疫、消毒等兽医防疫工作，还时不时地给鸭群用一些保健药，但是一些养鸭场（户）的鸭群仍然发病，甚至呈暴发流行，这是什么原因呢？其实，这与高密度养殖、开放式饲养、不当的管理以及商品鸭大范围频繁流通等有着密切关系，这些因素致使养殖的鸭子常处于亚健康状态和病原的包围之中。因此，要有效防止鸭群发病，确保鸭群健康，我们必须从单一的兽医防疫观，向综合应用多学科技术防疫发展，即在继续强化"以免疫为主的兽医综合防治措施"同时，要改变疾病防治就是兽医范畴的观念。这就需要应用生态学、环境学、饲养管理学、兽医学等学科技术，为鸭群正常生长发育和保证免疫等防疫技术充分发挥作用，建立提供一个合适的养殖环境和生物安全区域，即要实施"以生物安全为基础的全方位防疫"。

实施"以生物安全为基础的全方位防疫"，就是在采用免疫、消毒、疫病监测、检疫等兽医技术的同时，采用科学的养殖生产方式，即通常所说的健康养殖、生态养殖或标准化养殖。具体技术方法和要求表述如下：

（一）养鸭场所选址

养鸭的场地应选择在既交通便利又便于隔离的地方（最好有自然隔离的条件），同时又要考虑到供电稳定、水质良好和水量充足、无有害气体和其他污染等条件，应建在通风良好、背风向阳、地势高燥平坦或略带缓坡的地方。

为便于隔离和保护环境，应尽可能按照农业部《动物防疫条件审查办法》第五条规定选址，即养鸭场地选址应符合下列 3 个条件：①距离生活饮用水源地、动物屠宰加工场所、动物和动物产品集贸市场 500 米以上；距离种鸭场 1000 米以上；距离动物诊疗场所 200 米以上；距离其他养殖场不少于 500 米。②距离动物隔离场所、无害化处理场所 3000 米以上。③距离城镇居民区、文化教育科研等人口集中区域及公路、铁路等主要交通干线 500 米以上。

实施放养的鸭场或种鸭场，鸭场选址首先考虑有鸭子可活动的水域。一般应建在无污染的河流、沟渠、水塘和湖泊的边上，水面尽量宽阔，水深 1 米左右，以缓慢流动的活水为宜。但不可使用对人畜饮用水源会造成污染的水域。如果没有天然水域，也可开掘 1 米深的人工水池，每 1000 只鸭应配置 30 平方米以上的活动水域面积。

理想的场址应位于河、池等水域的北坡，坡度朝南或东南，活动水域和室外运动场在鸭舍南边，鸭舍门朝南或东南方向。这种朝向，冬季采光面积大，有利于保暖，夏季通风好，又不受太阳直晒，具有冬暖夏凉的特点，有利于提高生产性能和健康水平。

养鸭场址应避开候鸟主要迁徙路线的栖息地，也要求适度的区域面积以实行分区块轮流放养。

在山区建场，不宜建在昼夜温差太大的山顶，或通风不良和潮湿的山谷深洼地带。

（二）养鸭场内布局

合理地布局养鸭场内各个功能区，不仅可便于生产和管理，降低成本和提高生产效率，而且能有效地防止交叉污染和疫病传播。

规模较大的养鸭场特别是种鸭场需设置的生活区、生产管理区应与生产区分开，各区之间界限分明，并有相应的距离。生活区应远离生产区 200 米以上。生产区应为独立的区域。

根据功能不同和饲养规模，生产区内的养殖区域可划分为育雏、育成、育肥（产蛋）等小区或若干个相对独立的饲养单元。各独立小区间要设立防疫隔离设施，并有一定的间距。

养殖区域应设置在生产区上风向，兽医室、隔离舍、贮粪场和污物处理池等应设置在下风向或不在同一风流上。

人员、鸭和物资运转应采取单一流向，道路分为污道、净道，互相不重叠、不交叉。净道专门用于运输饲料、产品，污道专门运送鸭粪、病死鸭及其污染物。

（三）养鸭场设施设备

设置和配备必需的设施和设备是做好防疫工作的必备条件。

（1）隔离设施。养鸭场特别是生产区四周应设置围墙或相当围墙功能的、能阻止人员和其他动物进出的隔离设施，主进出口处应设置值班室。活动水域也应设置阻挡外来水禽进入的隔离设施。

（2）消毒设施设备。生产区入口处应分别设置与人员、车辆等进出相适应的消毒池或配备消毒设备，设置出入人员更衣消毒室。

（3）通风降温和取暖保温设施设备。鸭舍建筑结构应有利于通风降温和取暖保温，同时，设置通风降温和保温设施设备。

（4）兽医室及其设备。根据养鸭场规模和专职兽医防疫员人数设置相应规模的兽医室，并配备疫苗冷冻（冷藏）、消毒和诊疗等设备和器械。

（5）隔离舍。种鸭场等应分别建设引种隔离舍、病鸭观察治疗隔离舍。

（6）无害化处理设施和设备。根据养鸭场规模，设置病死鸭无害化处理设施和粪便等排泄物处理设施，配备封闭式运送病原污染物的车辆。

（7）场内设有防鸟设施。通过架设铁纱网等方法避免鸟类接触鸭群。

（四）养殖方式与饲养管理

实践证明，养殖方式和饲养管理方法的不同不仅影响鸭只的生长，而且影响鸭只的抗病能力，关系到鸭疫病的发生与传播。应采用科学的养殖方式,加强饲养管理,从根本上提高养鸭场的防疫能力。

1.采用科学的养殖方式

(1)适度规模饲养。一个养殖场点的饲养数量应根据养鸭场所处的地理环境来确定,其中又主要取决于饲养的鸭子种类、地形、夏季环境温度、通风状况、饲养场地和活动水域面积、排泄物净化能力、对周围环境影响的程度等。

(2)封闭式饲养。应充分发挥围墙、消毒设施、门卫制度等的作用,禁止无关人员、动物及其产品、车辆、物品进入生产区,必须进入的应实施隔离和消毒措施。

一是人员进出要求。未经许可人员不得进入生产区。进入生产区的人员应更换工作衣鞋并经消毒,进入种鸭场养殖区的还需经过淋浴洗澡。各独立饲养区的工作人员不得互相串舍。

二是车辆、工具等物品进出要求。无关物品不得进入饲养区,为其他畜禽养殖单位运送饲料、鸭及其产品的车辆不得进入生产区。进入生产区的一切物品均应经过清洗和消毒。各独立饲养区的工具不得互相通用。

三是鸭群进出要求。引进的苗鸭(种鸭)应购自无传染病流行地区的合法孵化厂(场、厅)或种鸭场。在购买装运前应经产地动物检疫机构检疫合格,种鸭应进行禽流感等重大疫病的病原学检测,取得检疫合格证;如果是跨省引进种鸭,则需要到省动物卫生监督机构申请办理跨省检疫审批手续。事前要做好隔离准备工作,预备好经彻底清场消毒的单独引种隔离舍或育雏舍。引进后要对鸭群进行隔离观察,如是种鸭还应开展禽流感等重大动物疫病病原检测,确认健康的,方可饲养。在本场有传染病流行期间,不得引鸭。

已出场离开生产区的鸭子不准再返回原生产区。

(3)分段隔离饲养。配置人工水池养殖的或完全舍饲的养殖场,应围绕本单位生产目的,根据鸭的生长规律,将饲养的鸭群分成育雏、生长、育成、育肥或产蛋期等不同饲养阶段,按照不同阶段饲养管理要求,对不同饲养阶段的鸭群,实行分段分区包括人工水池饲养。各区域人员、工具分开，做到相对隔离。

（4）全进全出饲养。配置人工水池养殖的或完全舍饲的养殖场，饲养在同一个区域的鸭子需要移出时，所有鸭子应全部一起移出，并彻底清空该区域内所有栏舍、运动场和水池后停养2周以上，才可放入饲养新一批鸭。空舍、空场和空水池后，应进行清场与消毒［详见"（六）养鸭场地清理与消毒"］。

（5）合理密度饲养。饲养密度是指养殖场地内鸭只的密集程度，如果养殖密度过高，则不利于鸭只的健康。

1）肉鸭的饲养密度可参考表1。

表1　肉鸭的饲养密度

周龄	地面平养（只/米²）	网上平养（只/米²）
1	20~30	30~50
2	10~15	15~25
3	7~10	10~15
4~5	6~8	
6周龄后	4~6	

2）产蛋鸭的饲养密度可参考表2。

表2　产蛋鸭的饲养密度

周龄	地面平养（只/米²）	周龄	地面平养（只/米²）
1	35~28	4~8	15~12
2	28~20	9~12	12~8
3	20~15	13周龄后	8

3）不同性别番鸭的饲养密度可参考表3。

表3　不同性别番鸭的饲养密度

周龄	1	2	3	4	5	6	7	8
公鸭（只/米²）	26	20	13	11	9	8	7	6
母鸭（只/米²）	26	22	18	14	12	11	10	9

4）放养鸭饲养密度。

鸭鱼共育：每亩水面放养以 50 只为宜。

鸭珍珠共育：每亩水面放养不超过 300 只。

鸭稻共育：每亩稻田放养 10~15 只为宜，一群鸭子的数量不宜过大，以 200~300 只比较适合。

鸭茭白共育：以每亩茭田套放养蛋鸭 8~13 只为宜。

5）单一饲养。养殖场内禁止混养猪、牛、羊、鸡、鹅等其他畜禽，一个相通的养鸭区域内只能饲养同一批群鸭。

2. 做好清洁卫生工作

养鸭场内应经常进行清理工作，有关通道要定期消毒，场内清理出的粪便、污物应集中堆积发酵处理，并经常性地进行灭鼠等工作。

3. 适时采取有效通风和供暖保温措施

不同生长发育阶段的鸭，其适宜的环境温度如表 4 和表 5 所示。为保持适宜的鸭舍内环境温度和空气质量，应适时适度使用通风和取暖保温设施。同时，搞好场内绿化工作，各鸭舍间的空地上应种植落叶乔木，以利美化环境、净化空气。

（1）一般鸭育雏的适宜温度详见表 4。

表 4　不同日龄蛋鸭和肉鸭的适宜的环境温度

日龄	室温（℃）	
	蛋鸭	肉鸭
1~3	28~30	31~33
4~6	26~28	28~31
7~10	22~26	22~28
11~15	18~22	19~22
16~21	16~18	17~19

青年期和产蛋期鸭的适宜温度为 15~20℃。

（2）番鸭育雏的适宜温度可参考表5。

表5　番鸭育雏的适宜温度

周龄	保温伞下温度（℃）	室温（℃）
1	32~33	23~25
2	28~30	18~20
3	25~27	16~18
4	20~24	15~16

4. 保证营养符合要求

根据鸭的不同生长发育阶段对营养的要求，提供符合营养标准的全价饲料。

5. 保证饲料和饮用水的质量

饲料应来自于合法的饲料生产企业，用经消毒合格的包装袋包装；保管好各类饲料，防止饲料发霉变质，禁止饲喂不洁、霉变、被有害物质污染的饲料。饮用水必须达到卫生标准。

（五）免疫

免疫是提高鸭只自身特异性抗病能力、防止疫病发生和流行最有效、最关键的措施之一，养鸭必须做到规范化免疫。

1. 要科学确定免疫的疫病种类

要按照国家和当地政府确定的免疫病种对鸭群进行强制性免疫，如对高致病性禽流感的免疫。同时，要根据本场疫情史和周围的疫情，对发病率较高、危害性较大的疫病实施免疫。

2. 要坚持合理的免疫程序

免疫程序是指动物一生中各种疫苗接种的次数、次序和日程。接种疫苗时的日龄不同、疫苗接种次数不同、前后接种疫苗的间隔时间不同，免疫效果都会不一样。免疫程序关系到各种疫苗的免疫效果。免疫程序不是固定不变的，养鸭场应根据本场免疫种类、各种疫病免疫抗体的消长规律和畜牧兽医管理部门的指导意见，确定合理的免疫程序，并到当地动物卫生监督机构备案。

3. 要力图消除影响免疫效果的各种因素

（1）不使用无批准文号的疫苗、过期的疫苗、失去真空和变质的疫苗。

（2）疫苗要按照说明书规定温度运输和保存，在规定的接种部位按规定的操作方法接种。

（3）接种弱毒菌苗前后一周内禁用抗生素类药物及含有抗生素类药物的饲料添加剂。

（4）禁止给不健康的鸭接种疫苗，发现鸭群中有可疑传染病时，要立即停止疫苗接种。

（5）平时少用或不用抗菌类和抗病毒类药物。

（6）已开启的疫苗应及时用完，高温季节放置时间不可超过 2 小时（并存放在保温瓶中），其他季节不超过 4 小时。

（7）接种疫苗的针头应及时更换，同一养鸭场的同一批鸭，每注射接种 1000 只鸭至少要更换一个针头，不到时一批必须更换针头；给鸭接种过疫苗的针头，不得用于抽吸疫苗。

（8）根据接种的疫苗种类选择接种用的消毒药，接种病毒性弱毒苗时应使用酒精消毒。

（9）剩余或废弃疫苗及用后的疫苗瓶要无害化处理，不得随意抛弃。

（六）养鸭场地清理与消毒

1. 清场

（1）在实施全进全出后进行清栏清场和清洗水池。应彻底清除饲养场地内的粪便、垫草、污物、污水、残羹饲料等所有废弃物以及地面浮土层。将地面刮净，更换新土或垫料；墙壁、工具等用水冲洗干净。能够拆卸的笼具等饲养设施应拆卸清理冲洗。配置人工水池的养殖场，每批鸭出栏后，其活动的水池也应彻底排干、清除淤泥并进行消毒和干停 2 周后再灌入新鲜的水。

（2）在同批鸭子养殖期间，根据需要进行定期或不定期清栏清场和清洗水池。此种清场重点是清除、更换垫料和更换水池中的水。

2. 消毒

（1）消毒制度。包括环境消毒制度、人员消毒制度、鸭舍消毒制度、用具消毒制度、带鸭消毒制度等。要选择符合规定的有效消毒药品，并按照消毒药品使用说明书要求，使用正确的浓度和剂量，采用合适的消毒程序和方法进行消毒。

（2）清场空舍消毒。建设的地面、天棚、墙壁要适合冲刷消毒，饲养棚架或笼具要坚固耐用，便于拆装、清洗、消毒。已经清场空舍的，对墙裙、地面、笼具等非易燃物品可用火焰喷射器进行火焰消毒，对地面和墙壁也可用烧碱、石灰乳等进行消毒，对笼具等工具及屋顶可用氯制剂、过氧乙酸、碘制剂等进行消毒。消毒应进行 2~3 次，每次间隔 24 小时。可关闭门窗的鸭舍再用甲醛密闭熏蒸消毒 24 小时以上。

（3）带鸭消毒。在舍饲期间，对 3 周龄后的鸭可选择二氧化氯、过氧乙酸等刺激性小的消毒药物，进行带体喷雾消毒，每周 2~3 次。消毒时，喷头应距鸭只上 80~100 厘米向前上方喷雾，让雾粒自由落下，不能使鸭身体和地面垫料过湿。

（4）水池消毒。除在实施清池水排干后进行清淤消毒外，平时应定期用适宜的消毒药如氯制剂按照规定浓度对池水进行消毒。

（5）道路、排污通道等养鸭场地周围环境消毒。用石灰乳、烧碱等消毒液喷洒消毒，或用火焰消毒，每月 1~2 次。

（6）人员进出消毒。进入生产区的人员在更衣室更换工作衣鞋后经紫外线照射 5~10 分钟消毒。

（7）工具、车辆消毒。进入生产区的工具和车辆用氯制剂、过氧乙酸等腐蚀性小的消毒药进行喷洒消毒，车辆需通过装有有效消毒液的消毒池方可进入。日常生产过程中常用工具应定期采用日晒、消毒液喷洒或浸泡等方法进行消毒。

（七）药物使用

在做好免疫和消毒工作的同时，使用抗菌药等药物进行疫病防治是养鸭生产过程中的一个重要环节。正确使用药物是有效发挥药物防病治病作用、防止药物产生毒副作用和药物残留的关键。

（1）不使用违禁药品。不使用未经批准的、过期的、变质的药物，不使用人用药物，不使用原料药物。

（2）科学使用药物。一不能在平时的饲料和饮水中随意添加药物，只有在鸭群发生疫病或可能发生疫病的情况下，才能在饲料或饮水中添加药物，实施群体防治。二要对症用药。不论是群体预防性给药，还是个体治疗，都要努力查明和针对病因、病原用药，必要时开展病原菌药敏试验，选用敏感的药物。三要合理掌握使用剂量和疗程，要根据确定的药物使用剂量用药，并至少使用1个疗程。四要轮换用药，不可长期使用一种药物，应在3~6个月后轮换1次。

（3）严格执行停药期。在育肥出售鸭群或产蛋鸭群的饲料和饮水中，不添加各种药物进行群体给药；进行个体用药治疗时，要严格按照规定的药物停药期，在出栏前停止用药。

（八）疫病监测报告与扑疫

为了及时发现疫情隐患，应有计划地开展疫情监测工作；为了防止疫病扩散蔓延，一旦发现疫情应立即采取扑疫措施。

1. 坚持开展日常巡查与定期实验室监测

饲养人员在每日从事喂料等工作时，应注意观察鸭群的精神状态、饮食情况、体表和行为变化等。

兽医应每天检查卫生防疫情况，观察、了解鸭群健康状况，并做好记录。

养鸭场应根据动物防疫主管部门要求和本场实际需要，定期或不定期开展禽流感、鸭瘟等疫病的免疫抗体和病原学监测工作，切实掌握各主要疫病的免疫状况，了解鸭群受到病原污染的程度，时时对鸭疫病可能发生的风险作出评估，以指导采取科学防控措施。

2. 及时报告疫情

发现鸭群有异常情况时，饲养员应立即停止打扫、饲喂等工作，并报告养鸭场兽医前来诊断处理，而不得私自处理和瞒情不报。

在鸭群出现发病或死亡等异常情况时，养鸭场兽医应立即开展诊断与流行病学调查工作。当诊断鸭群发生可疑重大动物疫情时，应立即报告当地动物防疫主管部门，并同时采取临时隔离控制措施。

3. 及时扑灭疫情

当发生疫病或可疑疫病时，应根据不同疫病性质立即采取相应的措施控制和扑灭疫情。当发生高致病性禽流感等重大动物疫病时，应按照国家的规定，服从当地政府的统一指挥，实施封锁、扑杀、无害化处理等一系列措施。当发生一般性疫病时，则按照发病的范围，对病鸭采取就地隔离治疗或将病鸭转移到隔离舍中治疗，必要时对发病鸭舍采取内部封锁隔离控制措施；对病死鸭及其污染物进行无害化处理，对污染场地进行彻底消毒；对于无治疗价值的病鸭应及时采取扑杀销毁处理，扑杀病鸭和同群鸭应采取不放血的致死法。

4. 无害化处理

（1）病死鸭处理。日常发生的病死鸭送无害化处理厂（窖）处理，或用密闭运输工具就地就近运到不污染环境的地方进行焚毁或掩埋。

（2）粪便处理。用不漏水的车辆送到固定地点进行堆积发酵，或制作有机肥料。

（3）垫草（料）、残羹饲料等处理。用不漏水的车辆送到固定地点进行堆积发酵或深埋。

（4）污水处理。按 GB18596 的要求处理。

（九）防疫记录

1. 免疫记录表
表 6 为免疫记录表。

表 6　免疫记录表

鸭群代（批）号：

免疫日期	栏舍号	疫苗名称	疫苗厂家和批号	存栏数	免疫			剂量（毫升/只）	接种人签名
					日龄	只数	次数		

　　注：一个表只记录一群鸭或同批鸭的免疫情况，鸭群代（批）号一般用鸭群日龄标示，免疫次数是指同种疫苗重复免疫的次数。

2. 消毒记录表
表7为消毒记录表。

表7　消毒记录表

消毒日期	消毒药名称	生产厂家和批号	消毒场所	配制浓度	消毒方式	操作者签名

3. 病原与免疫抗体监测记录表
表8为病原与免疫抗体监测记录表。

表8　病原与免疫抗体监测记录表

采样日期	栏舍号	鸭群只数	采样只数	采样日龄	免疫日龄	监测项目	监测结果	检测单位（检测人）

4. 兽药使用记录表

表 9 为兽药使用记录表。

表 9　兽药使用记录表

栏舍号	鸭群批号	使用时鸭日龄	开始使用时间	停止使用时间	兽药名称及用量	兽药生产厂家及批号	备注

5. 病死鸭无害化处理记录表

表 10 为病死鸭无害化处理记录表。

表 10　病死鸭无害化处理记录表

日期	处理头数	处理原因	鸭群批号	处理方法	处理单位（或责任人）	备注

参考文献

［1］B W Calnek. 禽病学［M］. 9 版. 高福，刘文军，译. 北京：北京农业大学出版社，1991.

［2］陆新浩，任祖伊. 禽类病症鉴别诊疗彩色图谱［M］. 北京：中国农业出版社，2011.

［3］陈溥言. 兽医传染病学［M］. 5 版. 北京：中国农业出版社，2006.

［4］李普林. 动物病理学［M］. 长春：吉林科学技术出版社，1994.

［5］陈国宏,王永坤. 科学养鸭与疾病防治［M］. 北京：中国农业出版社，2011.

［6］蔡戈，赵伟成. 鸭病防治 150 问［M］. 北京：金盾出版社，2011.

［7］甘孟侯. 中国禽病学［M］. 北京：中国农业出版社，1999.

［8］卢立志. 高效养鸭 7 日通［M］. 北京：中国农业出版社，2004.

［9］罗青平，杨峻，谢华明，等.蛋鸭网状内皮增生症病毒的分离与鉴定［J］.中国家禽，2011（23）：61–62.